クジラのまち

太地を語る

移民、ゴンドウ、南氷洋

赤嶺 淳 編著

英明企画編集

持双船（もっそうぶね）の10分の1模型［室野西太郎作］

勢子船（せこぶね）の10分の1模型［室野西太郎作］

の写真は、ウィルミントンのバニング公園で撮られたもので、アメリカ生まれの二世をふくむ285名が写っている［太地町歴史資料室所蔵］

勇新丸から見た南極海のオーロラ
写真提供：(一財) 日本鯨類研究所［津田憲二・共同船舶株式会社甲板部撮影〈2017年2月〉］

『紀州太地浦鯨大漁之図』に描かれた解剖の様子［太地町立くじらの博物館所蔵］

在米太地人会ピクニック（1935年）
米国で太地人会が発足したのは1915年のことである。漁野大兵衛会長が太地小学校に贈ったこ↗

左……イワシクジラの尾の身［下関漁港地方卸売市場にて赤嶺淳撮影〈2021年11月〉］
右……太地町飛鳥神社例大祭のザクロ［漁村計画撮影〈2018年10月〉］

滝ノ町から旦那山をめがけて登る山道
［辛承理撮影〈2022年12月〉］

かつて追い込み漁に使われていた、小畑さんのお義父さんが乗っていた船［辛承理撮影〈2023年3月〉］

漁民の信仰をあつめる飛鳥神社
［辛承理撮影〈2022年12月〉］

くじら浜公園の遊歩道からみた朝日
[辛承理撮影〈2023年３月〉]

太地湾の奥、東の浜からの景色
[辛承理撮影〈2023年３月〉]

台風の接近に備えて係留されている船
[赤嶺淳撮影〈2015年7月〉]

※鯨類の大きさはおおよそのイメージで示しています。

食用部位名（コビレゴンドウ）

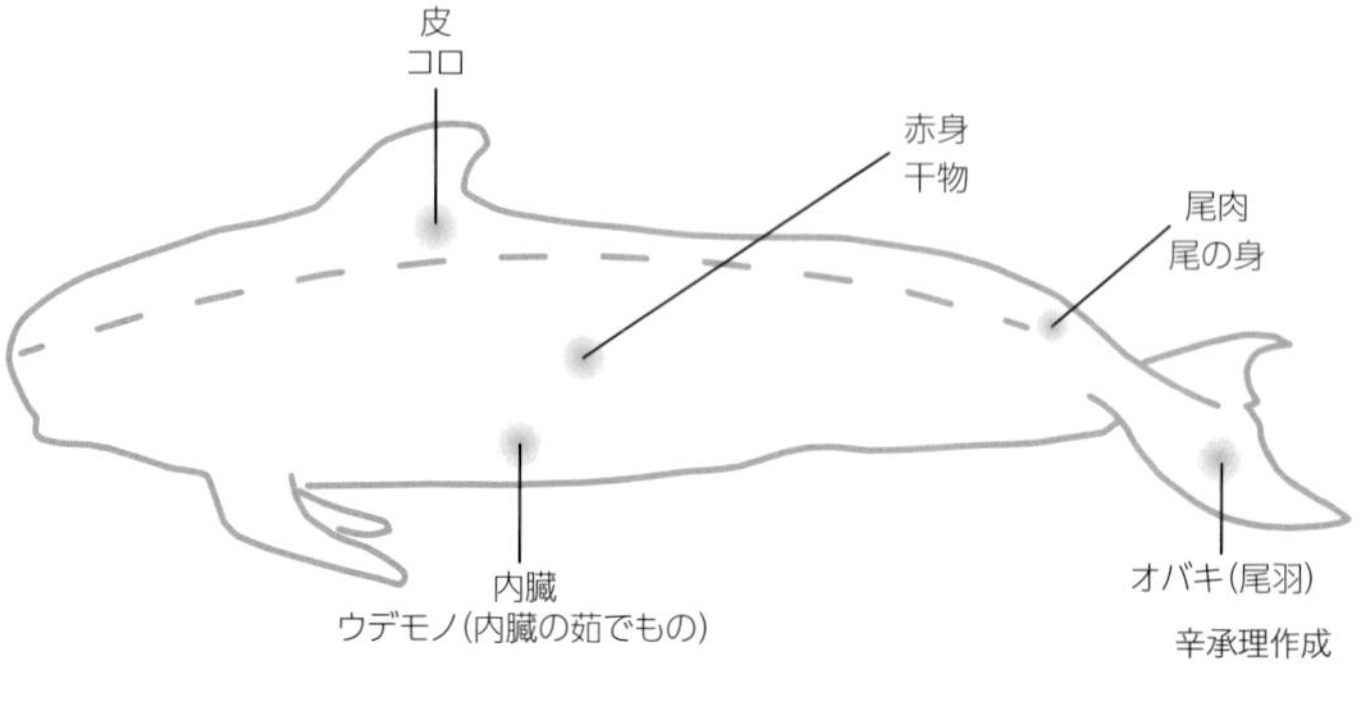

辛承理作成

本書に登場する鯨類

画像提供：国立科学博物館

和歌山県東牟婁郡太地町

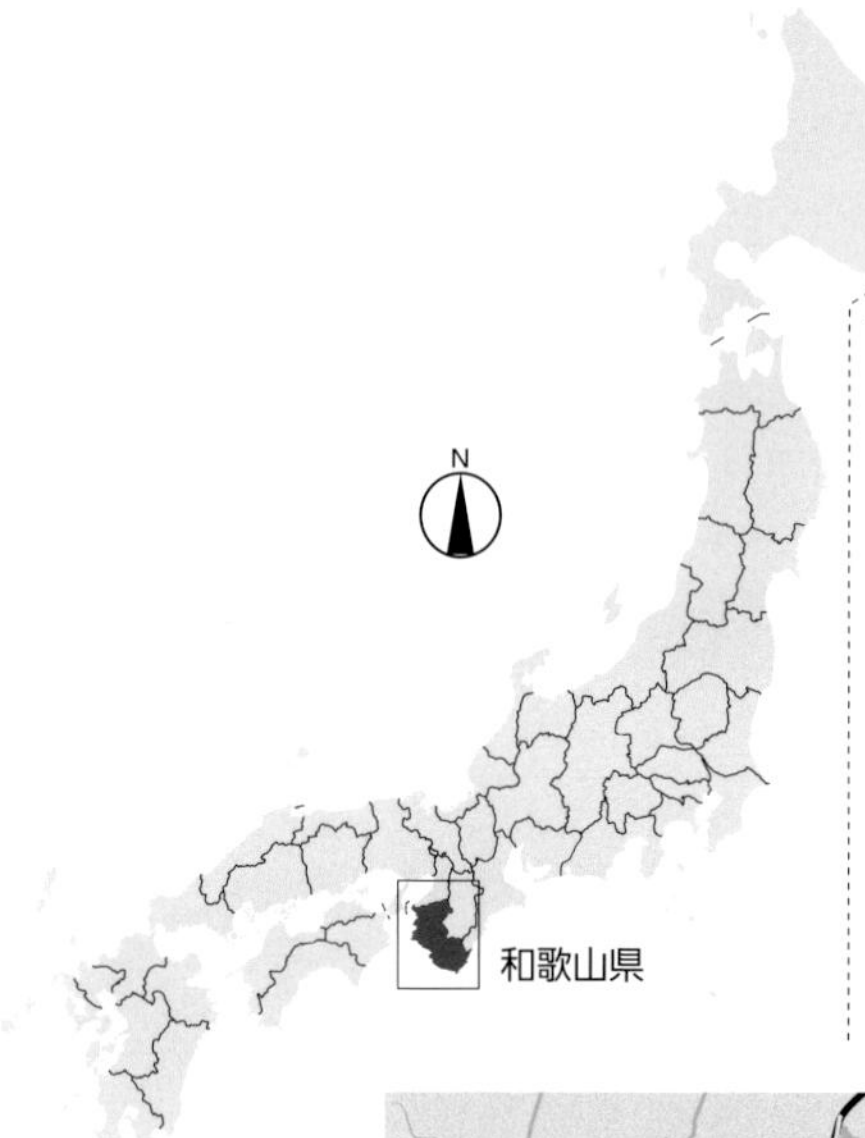

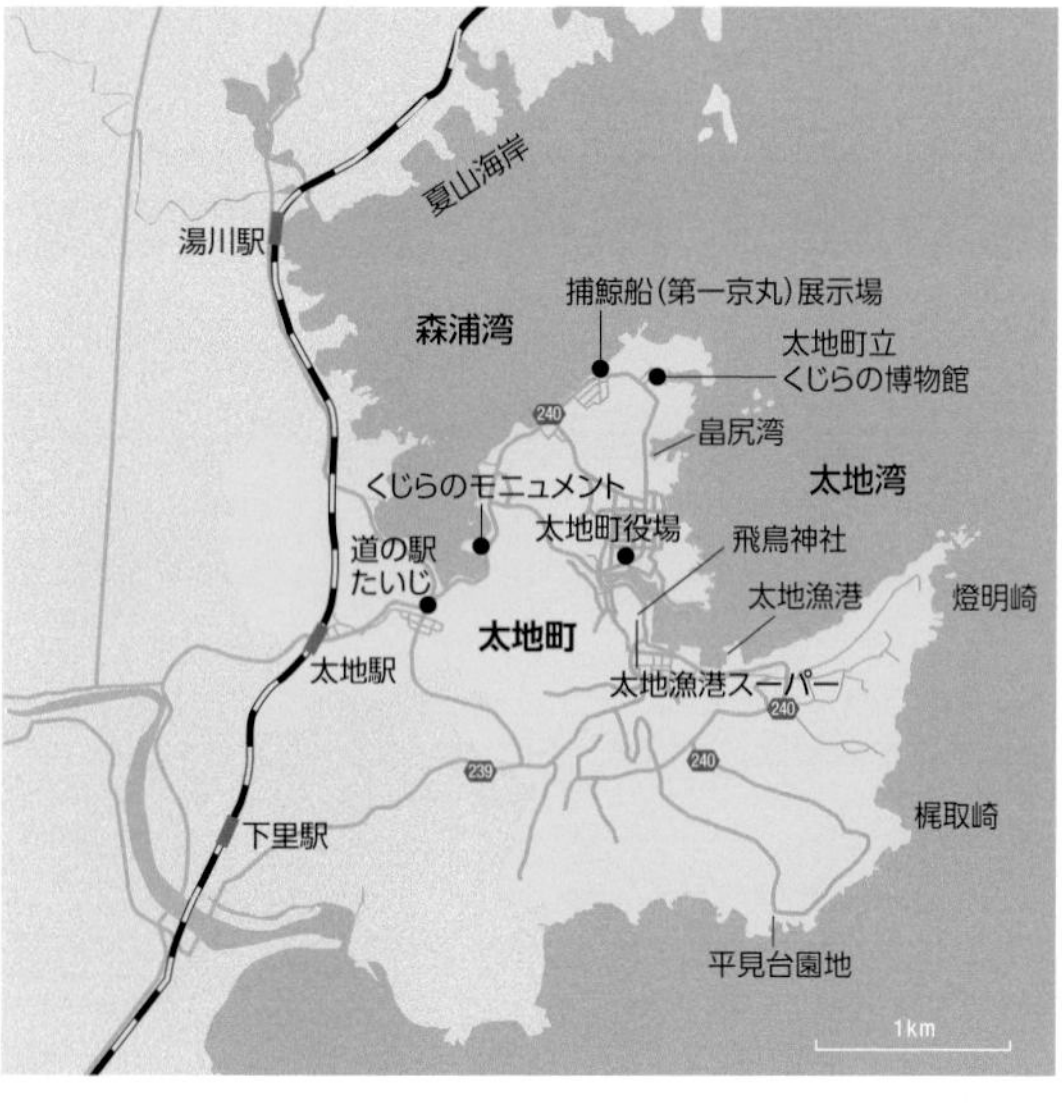

クジラのまち 太地を語る――移民、ゴンドウ、南氷洋

目次

本書を北洋司さん（一九四一年一二月三一日～二〇二三年一月一九日）に捧げます。

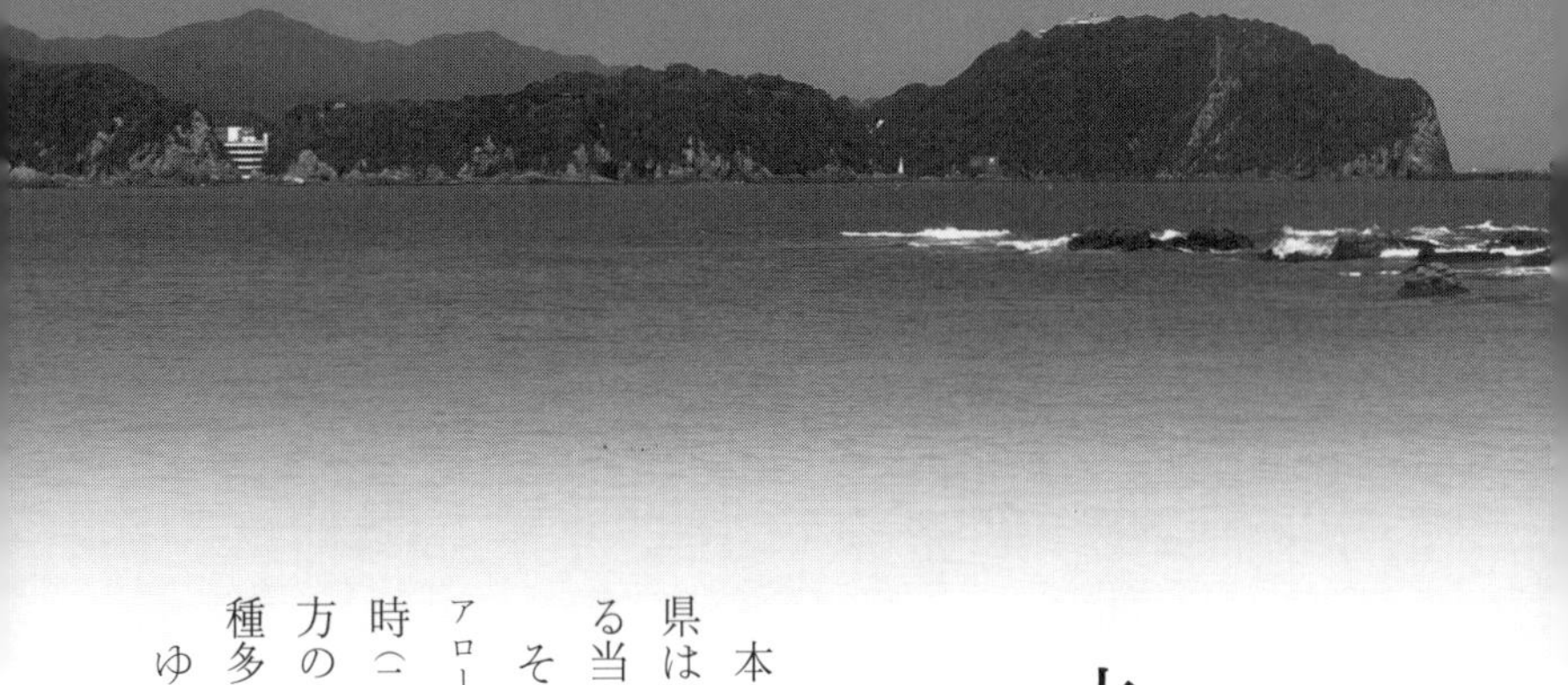

太地をひらく

赤嶺 淳

本書の目的は、「古式捕鯨発祥の地」であり、「くじらの町」を自認する和歌山県は太地町《たいじちょう》に暮らす八名の個人史を紹介するとともに、なにかと耳目をあつめる当地の多面的な歴史と現在を発信することにある。

それぞれの個人史は、聞き手が投げかける問いに語り手がこたえる対話（ダイアローグ）を、ひとり語り（モノローグ）風に編集したものである。インタビュー当時（二〇二二年一〇月）、語り手は九四歳を最年長とし、三四歳を最年少とした。他方の聞き手は、大学生と大学院生で、双方の年齢差は四歳弱から六〇歳超と多種多様であった*。

ゆたかな人生経験をもつ語り手に、二〇歳代の学生が挑んだわけである。そ

れも初対面であるとすれば、インタビューする方はもちろんのこと、される方も戸惑ったにちがいない。

三部からなる本書の第Ⅰ部「太地を生きる」が聞き書きである。「南氷洋をおもう」と「マッコウにあずかる」、「太地をつなぐ」の三テーマに編んでいる。

今日、「捕鯨」と聞いてイメージするのは、捕鯨砲で鯨類を捕殺する方法――近代捕鯨法――であろう。機械による推進力を利用することで、沖合での能動的な操業も可能となった。それ以前は、季節的に回遊してくる鯨類を、組織的に銛をもちいて突きとっていた。これが古式捕鯨法で、一七世紀初頭に太地で確立したとされている。のちに鯨体に網を絡める工夫が考案され、捕獲効率は改善されたが、沿岸で獲物を待つという受動性は克服できなかった（一九世紀に太平洋捕鯨を席巻した米国の捕鯨船も、突きとるという技法では古式捕鯨とおなじであったが、風力とはいえ、かれらは鯨群を追って移動できた点で異なっていた）。

近代捕鯨法が日本に定着したのは、二〇世紀初頭のことである。同法は一八六四年にノルウェーで開発されたことから、ノルウェー式捕鯨法と呼ばれることもある。

北海と北極海を中心に操業していたノルウェーとイギリスが、南極海にうかぶ島嶼群を基地として南極海での操業を開始したのは、ちょうど日本に近代捕

鯨法が導入されたころのことであった。両国は、およそ二〇年後の一九二五／二六年シーズンには移動可能な工場――鯨工船――による公海上での操業を本格化させるにいたる。

遅れることわずか九年、ノルウェーとイギリスにつづいて日本も一九三四／三五シーズンから南氷洋捕鯨国となった。以来、太地は、多数の捕鯨者を輩出してきた。

「南氷洋をおもう」に登場する三名が南氷洋捕鯨で果たした役割も、船をおりたあとの人生も、それぞれである。最年長の網野俊哉さん（一九二八年生まれ）は、大洋漁業株式会社が派遣する船団員として二五回も南氷洋に行った経験をもつ。そればかりか、南氷洋から帰ってきた数日後には、北洋のサケ・マス漁に参加し、結局、船に乗っていないのは年に一〇日程度だったという。東京で暮らす息子さんの近所での生活を切りあげ、現在、太地で晴耕雨読の生活を楽しんでいる。

濱田明也さん（一九三四年生まれ）も、大洋漁業船団として南氷洋や北洋での母船式捕鯨に参加した経験をもつ。下船してからは太地でエビ網からカツオ漁、柴漬け漁、素潜り漁など各種の漁業をおこない、イルカ類の突きん棒漁にも従事した、マルチな漁業者である。インタビュー直後に体調をくずされ、現在は

施設で療養中である。

小貝佳弘さん（一九四〇年生まれ）は、日東捕鯨株式会社の一員として南氷洋捕鯨に参加した。もともと船酔いしやすい体質だったそうであるが、いつのまにか慣れてしまったという。下船後に従事した漁法の多様さにはおどろかされるが、圧巻は一六〇キログラム超のクロマグロを二本もあげた逸話であろう。現在までつづくイルカ追い込み漁の基礎をつくった人でもある。

鯨油市場が崩壊してひさしい現在、捕鯨は鯨肉を生産することを意味している。しかし、かつては鯨油（ナガス油）こそが主要な生産物であり、マーガリンや固形石鹸の原料とされた。マッコウクジラの油（マッコウ油）からは高級アルコールや口紅も製造されていたし、マッコウクジラの肝臓からは肝油、膵臓からはホルモン剤も製造された。

「マッコウにあずかる」というのは、マッコウクジラの恩恵にあずかることを意味している。山下憲一さん（一九四一年生まれ）は、テニスラケットのガットとなるマッコウクジラの筋をとる仕事を経験している。しかし、その過程で高価だった長靴を何足も駄目にしてしまった。どのような成分なのか知りえないが、マッコウ油には、不思議な成分がふくまれているようである。

捕鯨ばかりが注目される太地町である。しかし、太地町は北米や豪州にたく

さんの移民や出稼ぎ者を輩出した歴史も有している。カナダ西岸バンクーバー島生まれの山下さんも、第二次世界大戦中の収容所生活を経て、戦後、（なかば強制的に）帰国されている。帰国後に久里浜で見た貧弱な日本人の姿にショックをうけた逸話は、カナダにおける山下さんの生活水準を物語っている。

世古忠子さん（一九四二年生まれ）は、刃刺《はざし》の冨大夫《とみだゆ》を曾祖父にもつ。（その孫である）父・冨次郎さんは、戦前、ヨーロッパで貝ボタンの材料とされた真珠貝の一種、シロチョウガイを採取するためにオーストラリア北部のアラフラ海にわたり、出稼ぎダイバーとして活躍した。減圧症（潜水病）はもちろん、サメの攻撃に遭遇しかねない命がけの仕事であった。世古さんは、こうした出稼ぎ譚とともに、「マッコウ日和」や「麦刈りゴンドウ」、「腹ラーセン」といった表現に刻まれた、太地と捕鯨との深い関係性を語ってくれた。同時に、冨大夫ものまれた「脊美《せみ》流れ」の犠牲のうえに「くじらの町太地」があることを再認識させてくれた。

「太地をつなぐ」は、比較的若い世代の語り手に登壇いただいた［図1］。久世滋子さん（一九五六年生まれ）は、現在、太地町でペンションを営むかたわら、南紀熊野ジオパークのガイドとしても活躍している。その過程で太地の歴史や地理を学ぶとともに鯨食をふくむ郷土料理の再発見をおこなっている。とくに鯨料理の伝承を意識することはないと断言するものの、久世さんの語りには、くじ

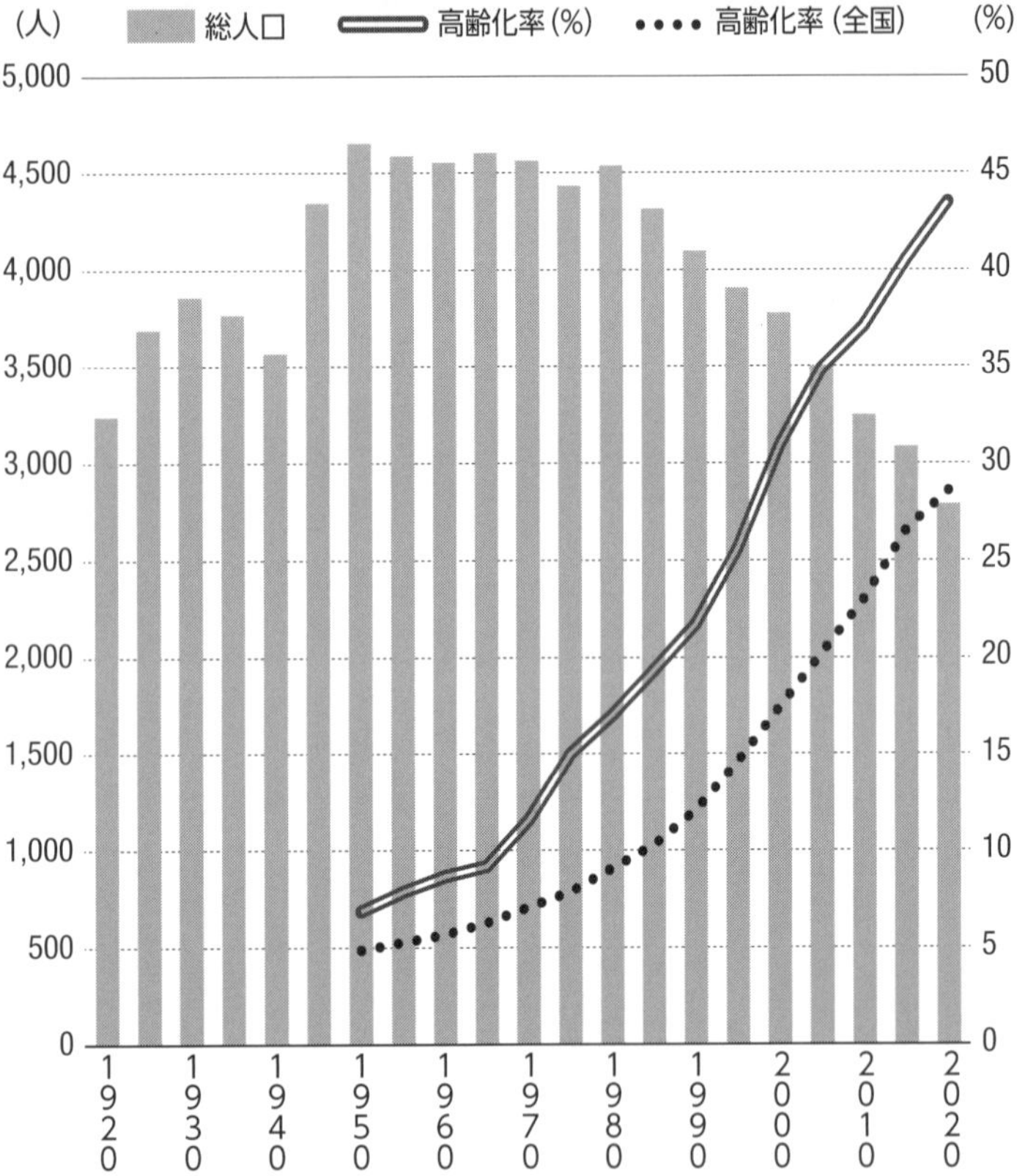

図1　太地町の総人口と高齢化率(%)、高齢化率の全国平均(%)の推移

出所：国勢調査データより筆者作成

ら愛と郷土愛があふれている。

新潟県生まれの小畑美由紀さん（一九六九年生まれ）は、追い込み漁師である夫の充規さんの故郷である太地に移住してきた、「よそ者」である。映画『ザ・コーヴ』（二〇〇九年）の反響の渦中にあった二〇一一年にNHKが制作したドキュメンタリー番組『クジラと生きる』（二〇一一年五月）と『鯨の町に生きる』（二〇一一年七月）に家族で出演した。新潟県で鯨料理といえば、脂皮《しひ》から出汁をとる鯨汁である。そんな小畑さんは、太地のイルカ料理におどろいたという。かつての「よそ者」が太地の人間と化していく過程で経験した喜怒哀楽を、小畑さんは気負うことなく自然体で語ってくれた。

インタビュー時三四歳だった由谷恭兵さん（一九八八年生まれ）は、語り手の最年少である。七四年もつづく鯨肉加工販売の老舗・重大屋《じゅうたや》由谷商店の若主人として、忙しく全国を奔走するなかでインタビューに応じてくれた。鯨食文化の伝統を継承しつつも、現代的な「食べやすさ」を意識した、あたらしい鯨製品の開発に挑戦中である。かれもまた太地の多くの人とおなじく、ゴンドウを愛するひとりである。

第Ⅱ部「太地を解く」は、わたしと太地町に在住する米国人研究者ジェイ・アラバスター（Jay Alabaster）による論考で、第Ⅰ部の背景を、それぞれの視点から解説

することを試みた。

鯨類は、歯をもつ歯鯨《ハクジラ》類と、歯のかわりに鯨鬚をもつ鬚鯨《ヒゲクジラ》類のふたつに分類される。現在、鯨肉として流通しているのは、（アイスランド産）ナガスクジラ、イワシクジラ、ニタリクジラ、（ノルウェー産をふくむ）ミンククジラといった鬚鯨類である。「癖がなく、食べやすい」とされるからである。

しかし、太地では、むしろ癖のある歯鯨類、なかでもゴンドウ類が好まれてきた。マッコウクジラをはじめ、ゴンドウ類、イルカ類など歯鯨類の血液には魚臭さの源でもあるトリメチルアミンがふくまれるため、適切に加工しないと、「臭い肉」となってしまう。そんな歯鯨類を上手に食す知恵と技術こそが、太地の鯨食文化をささえてきたわけである。

一九世紀、日本近海をふくむ太平洋は、マッコウクジラを目的とした英米の捕鯨船であふれていた。三〇〇トンほどの木造船で三〜五年にわたる航海である。ハワイなどの寄港地で新鮮な食料を補給できたとしても、操業中の食事が単調で貧弱であったことは想像できるはずだ。船長や士官ならまだしも、下級水夫は、虫のわいた牛や豚の塩漬け肉で我慢せざるをえなかった。そんなかれらは、なぜ、鯨肉を食べなかったのか？

この難問に正面から斬りこんだのは、米国の捕鯨史家のナンシー・シュー

メーカー教授である。制度としての奴隷制や非公式ながらもヨーロッパ風の階級制をひきずる米国社会のことである。鯨肉を口にする黒人水夫はもとより、欠員補充として太平洋の島じまからリクルートされてくる「原住民」たちと、みずからを「ぼくは、かれらとはちがう」と差別化しようとする精神こそが、白人船員の矜持であり、ひもじさに堪える原動力となった、との仮説を彼女は提示している。

シューメーカー説を支持する拙稿は、その不足部分をおぎなうため、一九世紀の米国捕鯨を題材とした米文学『白鯨』（一八五一年）の鯨食シーンに解説をくわえ、ピークオッド号の二等航海士が愛でたのは単なる鯨肉ではなく、「尾の身」という部位であったことを説き、鯨食文化を理解するには、鯨種だけではなく、部位の多様性にこだわる重要性を指摘した。

第I部の「マッコウにあずかる」には、世古忠子さんが「マッコウクジラのゴマ和え」のおいしさを力説するくだりがある。わたしには、世古さんの語りそのものが、意外な発見であった。マッコウクジラの肉が、おでんの具材となるコロ（煎粕《いりかす》／炒粕）と呼ばれる脂皮の乾燥品と、茶漬けの具材とされる塩鯨と呼ばれる塩漬肉以外は、ほとんど流通してこなかったからである。そのことを、わたしは、「マッコウの癖」の所為だと考えていた。

そのような事情から、実をいうと、わたしは米国の捕鯨者がマッコウクジラを食べなかったことを当然のごとく、「かれらも鯨肉の味がわかるじゃないか！」と肯定的にとらえていた。むしろ、「米国人は油だけとって肉を捨てたけど、日本人は……」的な捕鯨文化論を、鯨類の多様性と鯨種それぞれの個性を無視する暴論だと、いぶかしんできた。

しかし、もしかすると、歯鯨類を忌避するのは、わたしたちが表面的にしか鯨食になじんでいないから、ということなのかもしれない。否、鯨食の神髄は、むしろ歯鯨類に宿っているのではないか？　歯鯨類の癖を見抜き、その癖を上手に飼いならすのが、鯨食文化の粋なのではないか？

そうした疑問に答えるのが、アラバスター論文である。アラバスターは、大型鯨類ではなく、太地で「ゴンド／ゴンロ」、「マゴンドウ」と称される小型鯨類のコビレゴンドウこそが、太地の捕鯨史にとって重要であったことをあきらかにする。

古式捕鯨時代、たしかに太地では六鯨《りくげい》と呼ばれたセミクジラ、コククジラ、ザトウクジラ、ナガスクジラ、ニタリクジラ、マッコウクジラという大型鯨類が捕獲対象とされてきた。しかし、これらは域外への販売目的で捕獲するものであり、太地の人びとにとって日常的な鯨種は小型鯨類のコビレゴンドウであった。

そんなコビレゴンドウが、商業的に捕獲される鯨種となり、今日のイルカ追い込み漁の原型を形成するにいたった軌跡をアラバスターはたどる。

記者としての経験をふまえてマス・コミュニケーション学を研究するアラバスターは、世界的に著名な米国の『ザ・コーヴ』（二〇〇九年）も、その暴力的シナリオに異をとなえるために日本人監督が制作した『ビハインド・ザ・コーヴ』（二〇一五年）も、追い込み漁師という当事者へのインタビューが欠如している致命的な欠点を看破し、漁師や太地の人びとの声に耳を傾ける。

映画監督であろうと、記者であろうと、調査者であろうと、誰であろうと、突然やってきた「よそ者」に、太地の人びとが口をつぐむのは当然のことだ。それは、わたし自身も経験したことである。

アラバスター論文には、かれが一〇年以上かけて構築してきた、太地の人びととの信頼関係が横たわっている。『ザ・コーヴ』も『ビハインド・ザ・コーヴ』も地元の声を拾わなかったのではなく、拾えなかっただけのことである。事実、アラバスターが準主役をつとめる『おクジラさま――ふたつの正義の物語』（佐々木芽生監督、二〇一六年）では、多様な声を拾うことに成功している。太地に同化したアラバスターの存在が、前二作と後者の差異をきわだたせている。

二〇一七年より捕獲対象となったカズハゴンドウが、太地に即座に受容され

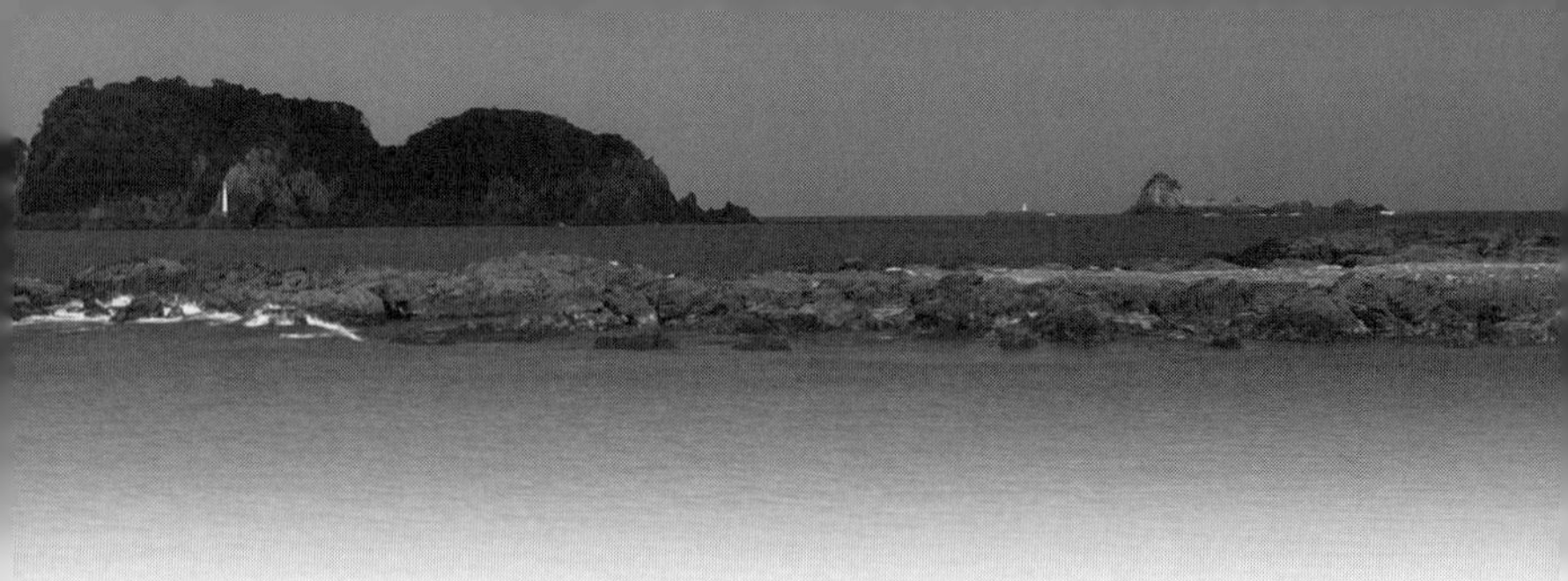

た理由は、もちろん肉質をふくむ風味にあるわけであるが、くわえて太地の人びとが愛してやまないコビレゴンドウとおなじく「ゴンドウ」という名称が寄与したことをアラバスターは見抜いている。太地に住みながら、太地の人びとと日常的に交流する過程でなされた秀逸な観察である。

第Ⅲ部「太地を訊く」は、個人史の「聞き書き」という手法とフィールドワークをめぐる論考である。捕鯨問題についての素人による今回の共同研究が、いかに進められたのかについては、本プロジェクトの学生代表をつとめた辛承理によるふりかえりを参照いただきたい。本研究の生成過程を公開するのは、読者に本書の信憑性／恣意性を吟味する判断材料を提供しておきたいと考えるからである。

科学は、あらかじめ厳密に手法をさだめたうえで実験をおこない、その結果から仮説を検証していく営為である。よって、誰が実験をおこなおうとも、おなじ結果にならねばならない（再現できなければ、神の手による「捏造」の懸念が生じてしまう）。しかし、「聞き書き」は、そうはいかない。聞き書きが対話である以上、おなじ環境でおなじ語り手におなじ手順でインタビューしたとしても、聞き手が異なれば、語りそのものが異なってくる。

人間のコミュニケーションに重要なのは、その「場」の雰囲気である。酒の有

無を問わずとも、つい「のりすぎちゃった」経験は、誰しもあることだろう。たとえば、新潟県出身の小畑さんにインタビューしたのは、おなじく新潟県出身の砂塚翔太であった。本書で提示した語りでは、新潟県に関する内容は割愛されているが、インタビューの冒頭でかわされた新潟についての共通する話題を通じて「場」が形成されたであろうことは、容易に想像できる。その意味では、聞き書きは、一期一会の記録文学でもある。

もちろん、そうした記録を叙述するためには、それなりの技術を必要とする。そのための訓練過程の一部始終を開示しておくことは意味あることだ。

拙稿「太地にかかわる」は、副題にあるように、本書の「あとがき」にかえる目的で執筆したものである。かれこれ一〇年強となった、太地でのフィールドワークをふりかえりつつ、フィールドワークにおける信頼関係構築のむずかしさについて論じ、未来志向の「あとがき」とした。

注

＊本書におさめた個人史の聞き書きは、文化庁の二〇二三年度「食文化ストーリー」創出・発信モデル事業に採択された「太地町を中心とする熊野灘周辺地域の鯨食文化の調査・発信事業」の一環として、太地町教育委員会と一橋大学とが共同研究プロジェクトとして実施したものである。プロジェクトについての詳細は三〇三頁からの辛承理による「ふりかえり」を参照のこと。

第I部
太地を生きる

●南氷洋をおもう①

南氷洋、二五回出漁してるんですよ

網野俊哉さん

あみの・しゅんや さん……一九二八（昭和三）年、和歌山県太地町生まれ。旧大洋漁業株式会社（現マルハニチロ株式会社）にて一九五四（昭和二九）年から南氷洋捕鯨と北洋サケ・マス漁業に参加した。南氷洋捕鯨では、おもに「大発艇」の船員として勤める。一九七八（昭和五三）年、船をおりる。

聞き手／構成　辛承理

船上の網元を代々やってたらしいです

わたしのところはね、やっぱり「網」の字ですからね、網をやってたらしいですよ、船上の網元を代々。網船《あみぶね》っていうのがあって、クジラを刺したら網でかこむんですよ。マッコウ以外は沈んでしまいますからね。それで鯨の背に乗ってとどめを刺して、網でつつんで、二隻の木造船で港にもってくるわけですよ。

わたしの親父はアメリカの炭鉱で働いてたんですよ。ロシアと戦争がはじまったときに「兵隊行け」といってアメリカから送られてきたんですよ。

それでね、アメリカから帰ってくるときに横浜銀行へ一〇万円貯金してもってきたんです。いまに換算したら億のお金ですよね。それで、その利子が毎月振り替え用紙に三五〇円と書いてあるんですよ。それを送ると横浜銀行から生活費が送られてきて、それでずっと生活してましたね。

海軍から帰ってきてからは、天渡《てんと》[*1]といって、むかしの木造のクジラを捕る船に乗ってたんです、舵取《かじと》りでね。天渡の名前が丸八丸。何隻かあったんです。砲手が引き金ひいて、五本の銛が同時に飛ぶ［図1］。

＊1　天渡は小型船である。詳しくは二七二頁を参照。

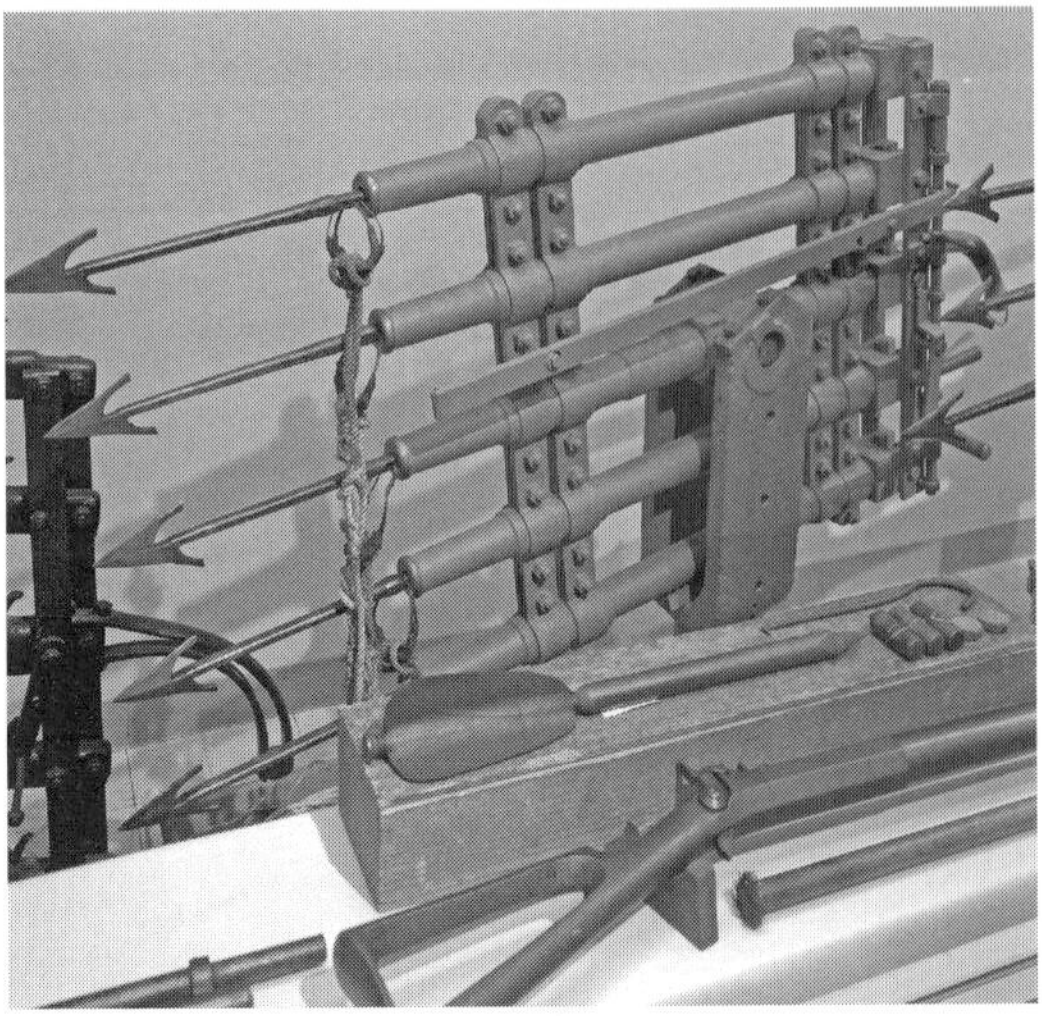

図1　改良五連銃
出所：太地町立くじらの博物館所蔵

親父がゴンドウの腸《はらわた》なんかももらってきて、茹でて食べるし。皮は鍋で茹でたらコロというんですか？　あれができるんです。それで、近所にみんな配るんですよ。腸だったり、そんなやつを茹でたやつをね。わたしらも手伝ったりね。コロなんかおいしかったですね、薄く切って食べたら。近所にもっていったら、駄賃くれるんですよ、一銭。それを親父や母親が「もろってきたら、あかん」ってね。だから、もらってこなかったですけどね。あの時代は、まだ一銭は貴重だったからね。

太地はゴンドウクジラというんですか？　あれなんですよ。クジラっつうか、小型ですね。おいしいですけどね。ゴンドウは刺身にしたらおいしいですね。わたしも大好きなんですよ。大阪の天王寺の寮にいた弟なんかはゴンドウの干物とか、茹でもの[*2]大好きだったね。北洋サケ・マス漁に行くのに夜行列車の日本海号で大阪駅から行くから、よくもっていってね。弟は大阪市役所の独身寮にいて、クジラの干物なんか焼くと「火葬場の匂い」するといって嫌われてね。それでも「かまわん」っていって。

＊2　一六七頁注6、一八四ページ（図4）を参照。

けど、わたしはイルカは、あんまり食べなかったね。なんかゲップリ（ゲップ）がくるんでね。親父が五本銛の天渡船に乗ってたから、家にもってきて無理やりに食べさせられたけど。あれは皮を薄く切って皮と一緒に食べなきゃ、食べられないんです。そのころからあんまり好きじゃなかったですね。

うちの嫁さんは太地の小学校で先生してて、子どもがふたりいます。息子たちも嫁さんもクジラは好きでしたね。もう味を知っていますからね。尾肉の切れっ端のやつがおいしかったですから、嫁さんもよく料理して食べてましたよ。

南氷洋捕鯨の下船のとき、冷凍した十キロの尾肉《おにく》の小切れをいただいて帰りました。胡麻和えなんかおいしいんです。クジラの溶かしたやつに塩ふっといて、それで茹でて、胡麻擂って、胡麻和えにしたらおいしかったですね。すき焼きみたいなのもしたり。結構、クジラの肉のすき焼きもおいしいんですよ。

子どもたちは、いまひとりは東京の相模原にいて、もうひとりは青森の八戸にいますね。

相模原の長男に町内で販売する鯨肉を送ろうかいっても「いらん」というんですよ。もう向こう行ってから食べてないでしょ？　やっぱりクジラの肉は好き嫌いがありますよ。

若い人の憧れ、南氷洋

わたしね、南氷洋二五回、出漁してるんですよ。若いときはね、太地の元浦に造船場があってね。木造の捕鯨船をつくっていたんです。わたしのつかえた棟梁[*3]がよくしてくれてね。流線型の船をつくるのに原図を引いたり、いろいろしていました。それから造船所が閉鎖になってからは警察予備隊[*4]に行ったんですよ。それで帰ってきてから、太地の漁業組合の冷蔵庫があったから、高圧ガス免許の国家試験うけてそこに勤めて、それから南極。みんな憧れていたから。「南極行かんか？」といってくれて、それで南極に連れていってもらったんですよ。

＊3　網野さんの棟梁は室野西太郎氏で、本書第Ⅰ部3の久世滋子さんの祖父にあたる。網野さんも室野さんも元浦にあった太地造船所で働いていた。室野西太郎氏が制作した勢子船《せこぶね》と持双船《もっそうぶね》の模型は口絵を参照。

＊4　一九五〇（昭和二五）年、日本の平和と秩序を維持し、公共の福祉を保障するのに必要な限度内で、国家地方警察・自治体警察の警察力を補うことを目的に創立された。その後、保安庁保安隊（一九五二年）をへて、防衛庁陸上自衛隊（一九五四年）に再編

され、現在の防衛省陸上自衛隊にいたる。

太地出身で大洋漁業の砲手をしてた向井薬局の長男が、火薬詰めるときに暴発して亡くなったことがあります。そのお葬式に大洋漁業の偉いさんがたくさんきたんですよ。わたしのおじさんは京大の医学部でて、町医者をしてたんですよ。それで話になって「網野っつうのがおるんだけど、南氷洋連れてってくれやんか」と。それで連れてってもらったんですよ。それで、北洋[*5]からはじまって二五回出漁。

＊5　第二次世界大戦後、マッカーサーラインにより制限されていた公海での操業は、一九五二（昭和二七）年にカムチャッカ・千島列島海域の七〇〜一〇〇カイリまでが許可水域となり、サケ・マス漁業が再開され、日魯漁業、大洋漁業、日本水産の三社、三船団が出漁した。網野さんが大洋漁業で出漁した一九五四（昭和二九）年は母船式サケ・マス漁業の操業が本格化していた時期でもある。大洋漁業については五〇頁注1参照。

自分が船に乗るとは思っていませんでした。けど、南氷洋へ行くっていうのが若い人の望みだったからね。南氷洋っていうのは漁師じゃないからね。まあ「勤めてる」という感じ。

わたし、よく行ったもんですよ。南氷洋から帰ってきて五日くらいしたら、サケ・マス漁の船団に行くので、函館に行ったんですよ。大阪まで行って、大阪から寝台列車の日本海号というのがあってね。それで青森まで行って、函館行ってサケ・マス漁も二五年くらいしました。函館から帰ってきたら、カムチャッカの底引きに行ってくれって、カレイとかね。そしたら一一月から四月くらいが南氷洋なので、一年で船に乗ってない期間は一〇日くらいだけでした。

わたしは南氷洋で大発《だいはつ》に乗っていたんです

南氷洋は一一月に行って、四月に帰ってくるんですよ。お正月は向こうでね。行き方は二通りあるんですよ。日本をでてまっすぐ南下してね、フィリピンの脇通ってミンダナオのとこ通って、それで(インドネシアの)スマトラの海峡を通っていくのと、南シナ海を通っていくのと。それでオーストラリアの東海岸を通って暴風圏にはいるんです。寒いところと暖かいところの空気がぶつかって、大時化《おおしけ》になって、一年中時化《しけ》ているんですよ。それで暴風圏を過ぎたら、もう南氷洋で楽になるんです［図2］。

わたしは南氷洋で大発*6に乗っていたんですよ、大発。サケ・マスも南氷洋で使う大発もおんじ大発です。わたしは小型操縦士の免許もっていましたからね。さらに無線電話の免許も取って、それで大発に乗って、大発でずっと頑張ってたんですよ。

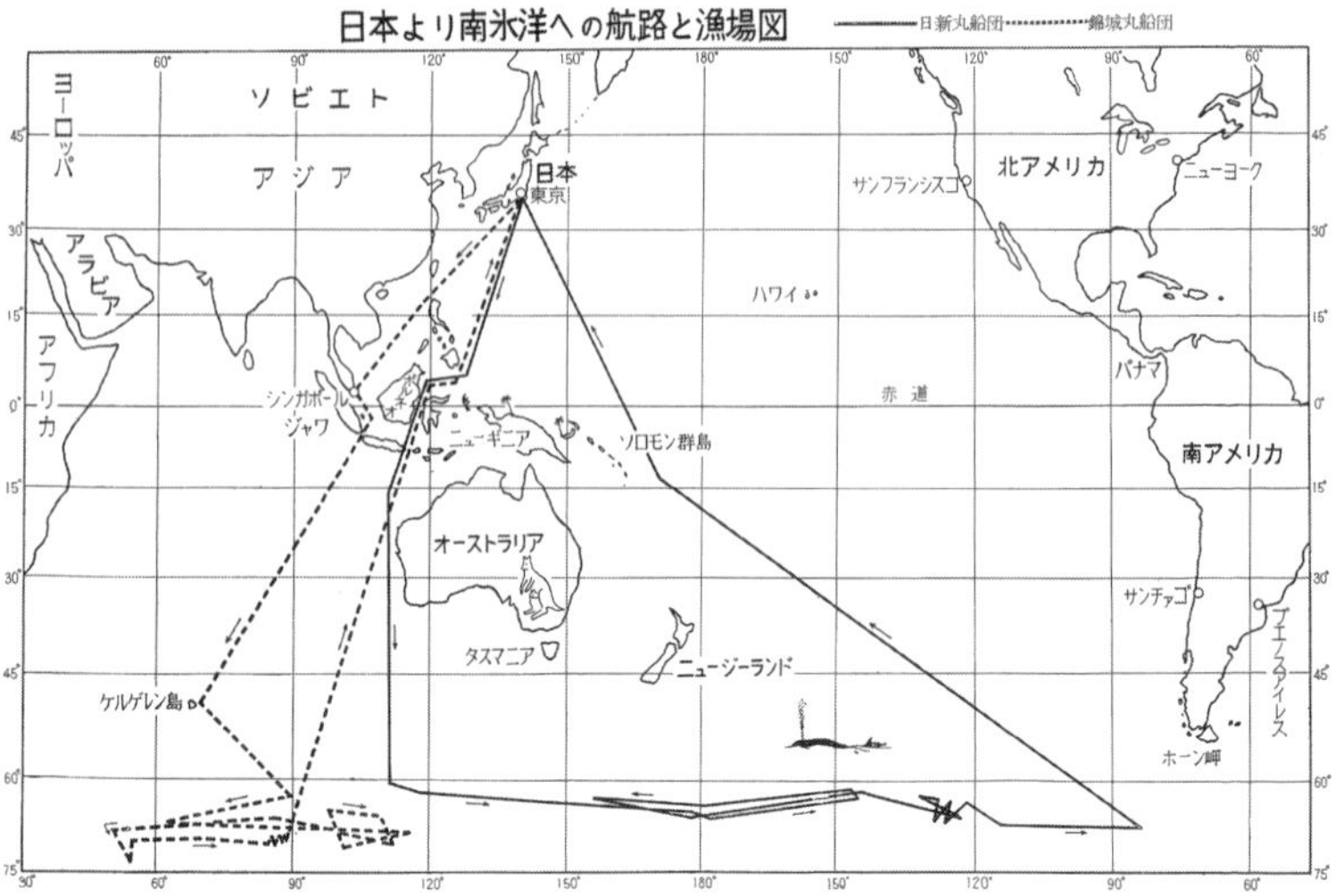

図2　日本から南氷洋への航路
出所：大洋漁業株式会社捕鯨部編『南氷洋だより』

＊6　正式名称は「大発艇」。実際にクジラを捕る船ではなく、鯨肉や物資などを各船へと運ぶための連絡船としてもちいられた（前田敬次郎『日本の捕鯨』六頁）。旧海軍の大発動機艇とは異なる。以下、大発と記す。七三頁図2も参照。

南氷洋に行くときには、冷凍船二隻とキャッチャーボートが五隻くらい、そして解剖する三万トンくらいの母船がありますね。母船でクジラを解剖して、そこに冷凍船が二隻とまって、大発で母船から冷凍船へ肉を運ぶんですよ。大発は四隻、これが四隻なかったら具合悪いんですよ。（緊急時には）救命艇になるので、なかが寸胴《ずんどう》になっていて、乗ったら五〇人は軽く乗れるくらいのものなので。

肉を運ぶとき大発には一隻に四人乗っ

ていました。漁師のところの人間はみんな大発に乗ったんですよ。だから太地とか、（長崎の）五島とか、青森の大間らの人らが多かったですね。

それでこの大発で、クジラの肉を運んで、冷凍船で一〇キロ入りの肉を切ってね、それでいい肉とか、あばら肉とかを切って、冷凍パンつってね、それ入れて急速冷凍で凍結するんです。ちゃんとグレーズつって、水にくぐらせて、焼けないようにね。それでそれをケースに包んで製品にして、倉庫に積んでもっていくんです。[*7] 零下二八度くらいの倉庫に積んで、積んで。それでたくさん溜まってくると内地からくる中積み船というのが十キロケース入りの冷凍肉を取りにくるんですよ。

＊7　大発で母船から冷凍船へ移送された鯨肉は、筋や汚物などを除去したあと、品質と大きさによって大別される。その後、海水タンクで血抜きしたうえで冷凍または塩蔵処理がほどこされた。冷凍の場合は予備冷凍室内で一定の大きさに切りそろえ、冷凍パンに収めて凍結室にて急速冷凍した。凍結した鯨肉を清水にひたし、冷凍パンから抜きとり、摂氏一〜二度の清水槽でグレイジング（glazing＝食材を氷の膜で覆って冷凍すること）すると完成となった。

そのとき捕ってたのはナガスクジラです。大きいやつ。あのときは国際捕鯨でね、何千頭と決まってたんですよ。オリンピック[*8]といって、取り合いといったら申し訳ないけど、ナガスクジラ二頭で、シロナガスの一頭になるんですよ。世界で集計して換算するのはシロナガスの換算[*9]になってるんですよ。それでイワシクジラだったら六頭になるんですよ［図3］。

＊8　一九六二／六三年漁期から出漁国間で捕獲頭数の国別割当が実施されることになった。それ以前は、全体の頭数制限の枠内で、各国船団が一頭でも多く捕ることを競っていた。各船団は捕獲した鯨種と頭数をノルウェーのサンデフィヨルドにある国際捕鯨統計局に毎週報告し、同局はこれらの情報にもとづいて捕獲枠の上限に達する日を予測し、一週間の余裕をもって各船団に通知していた。この管理法は「早い者勝ち」という意味で「オリンピック方式」と呼ばれる。

＊9　シロナガス換算（BWU=Blue Whale Unit）方式とは、鯨油をおもな目的としていた南氷洋捕鯨の全盛期に採油量を基準にナガスクジラ二頭、ザトウクジラ二・五頭、イワシクジラ六頭をそれぞれシロナガスクジラ一頭として捕獲頭数を換算していた管理方法を指す。ＢＷＵは鬚鯨類だけに定められたものであり、ＢＷＵによる管理は一九七一／七二年漁期までおこなわれていた。それ以降は鯨種別の捕獲頭数が定められるようになったが、そのころに南氷洋で操業していたのは日本とソ連だけとなっていた。

南氷洋では「八時間ワッチ」といってね、八時間仕事して、八時間休むんですよ。朝の八時から午後四時まで、夜の一二時から朝の八時まで、そういうワッチ[*10]になってるんですよ。それで（ワッチが）終わったら、一時間風呂に行ったり、食事したりして、それで起床は一時間前、だから結局六時間くらいしか寝られないんですよ。

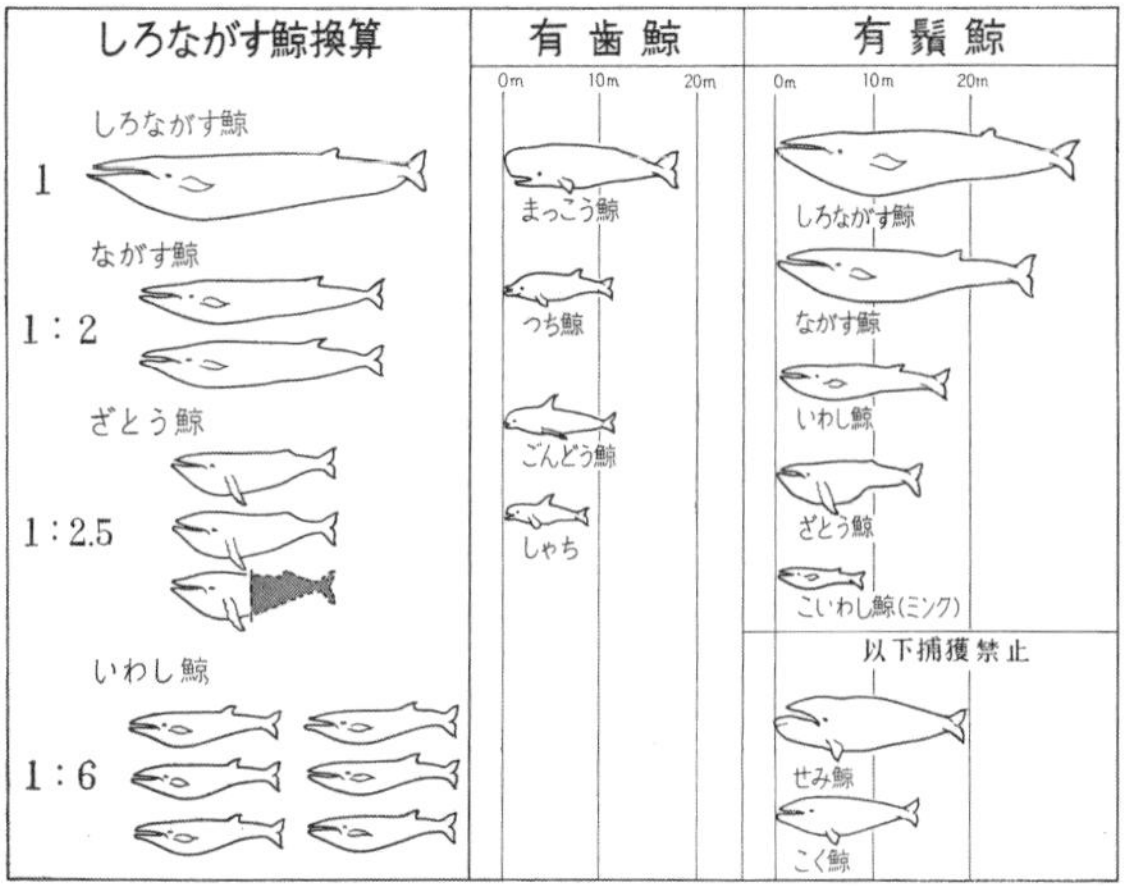

図3　シロナガス換算率
出所：大洋漁業株式会社捕鯨部編『南氷洋だより』

けど、お正月はお正月休みとして五分ワッチが早く終わるんです。でる人は五分遅くでて。ちゃんとおせち料理もあるんですよ。まかないの方も休みなので、それで三日間おせち料理食べてね。正月に五分早く上がるというのは面白いですよね。

時化ていたり、クジラがとれないときは寝放題なんですよ。「起きろー！」っていっても、みんな起きないんで、飯も食べずに寝るんですよ。けど肉があったら、休みなしです。もう八時間ワッチですね。やっぱり運んできて、処理するのにだいぶかかりますからね。

これクジラの歯でつくったやつ［図4］。わたしがつくったんです。船でやっていたんですよ。マッコウクジラは、歯が細長くはえて、下しかはえてないんですよ。これが欲しくてね。ソ連の船団の母船にクジラの肉を買いつけに行くんですよ。そのときにトリスのウイスキーをもっ

＊10　航海当直のこと。八時間交替制の場合には、深夜のワッチ（〇～八時）、昼のワッチ（八～一六時）、夕方のワッチ（一六～二四時）となっている。七二頁注7も参照。

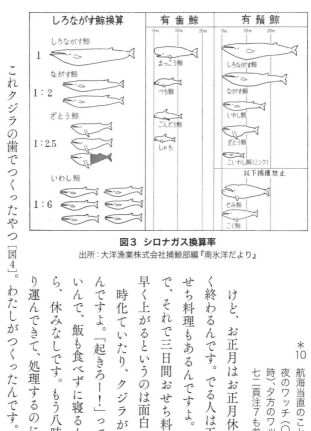

ていったら、四本のクジラの歯をぶら下げてくれるんです。そこにトリスの三五〇円のウイスキー[*11]を入れるんですよ。そしたら、ロシアの船員が喜んで飲むでしょ?・〔図5〕

＊11　寿屋(現サントリー)が一九四六(昭和二一)年、大衆用として販売した「トリスウ井スキー」は、発売当時、徳用大瓶(六四〇ミリリットル)が三四〇円、ポケット瓶(一八〇ミリリットル)は一二五円であった。南氷洋でマッコウクジラの捕獲が許されたのは一九七八/七九年漁期までだった。一九七五(昭和五〇)年、二〇〇ccの牛乳は四七円、都心の「並」一皿のカレーライスの値段は二八〇円だった(週刊朝日編『値段の明治大正昭和風俗史』二二三、二三二頁)。

トリス一本でクジラの歯が四本というのは、もう決まってあるんですよ。それでたくさんつくったんですよ、みんな「つくってくれ」っていってね。休みのときに、船にサンダーというやすりがあるんですよ。それで削って。好きなんですよ、こんなことするのが。だからクジラの歯と交換するために日本で買っていくんです。あと、ソ連の船団には女の人が乗ってるから、日本で売ってるキスミー[*12]の口紅、ストッキングなんかも買ってよくあげましたよ。白系ロシア人女性はものすごく綺麗なんですよ。船のポールド窓[*13]が横に開いてるんで、そこからでてきて手を振ってくれて。鼻の下伸ばしてましたね。

＊12　文政八(一八二五)年に創業した紅屋「伊勢屋半右衛門」(通称「伊勢半」)では、紅花を

図4　網野さんが制作したマッコウクジラの歯の彫刻
出所：辛承理撮影〈2023年3月〉

図5　トリスウ井スキーの広告
出所：『読売新聞』1955年11月5日朝刊、4頁

使用した口紅を販売していた。昭和初期に作られた「キスミー口紅」は、伊勢半の四代目龍右衛門が口紅の種類、容器、値崩れを防ぐ方策を考えるなかで、アメリカで普及していた油性の口紅の研究を通じて誕生した（伊勢半グループ（公開年不詳）「沿革・歴史」）。

＊13　丸い舷窓（porthole）を捕鯨関係者はポールドと呼ぶ。

「無事に帰ってきました」

自分らは大発で肉を運びますから、いいところを取って部屋で刺身にして、それで余ったら、ポールドという丸い窓の外に紐でぶら下げておくと結構、もつんですよ。鯨の尾肉《おにく》といったら最高のお肉なんでね、脂があって。お寿司なんかにもするし。ナガスクジラはおいしいですよ、尾肉。シッポの方にものすごい脂の乗った尾肉があるんですよ。これ、またすごい貴重品でね。やっぱ一番運動するところですからね。鯨の尾肉というのは天下一品ですね。そのときは、刺身で食べましたね。大発に乗るのは四人で、ひとつの部屋に大発四隻分の人がいるんですよ。わたしの部屋にすし屋に勤めていた子がいたんですよ。それで握りをしてよく食べました。［図6］

南氷洋では各部署の部屋があって、わたしのいるところは大発係といって二段ベッドで休

図6　船室のポールドから覗いた大発
出所：網野俊哉氏提供

むんですよ。わたしは大発に乗る人だけの部屋の部屋長なんかしていたんですけど、それで尾肉の切れっ端を一〇キロで冷凍したやつを下船するときに係長や班長した人間はお土産にもらえるんです。それを古い毛布に包んで一〇キロのやつをさげてうちにきたんですよ。ものすごく重かったけど、もう最高なお土産でね。近所の人も「おいしい、おいしい」っていって。相当近所にも配りましたね。あと、クジラの須子《すのこ》*14の缶詰というのが、またおいしいんですよ。それを帰りに注文を取るんです。注文すると送ってきて、それでお土産に配るんですよ。大洋漁業がつくったあの缶詰は、またおいしくてね。もう喜んでね。近所の人に配ることが多かったですけどね。

*14　須子は「畝」や「本皮」の内側についている肉の部分で

ある。畝に関しては、五三頁注7、五四頁以降の図3〜5、一八〇頁注5を参照。

北洋のサケ・マス漁に行くときは、紅鮭。内緒で塩を買って行って、こんな大きな紅鮭を漬けてお土産にしたもんです。「辛い紅鮭の味が忘れられへん」っていう人らがいてね。大きいんですよ、紅鮭なんか。まん丸いのをぺちゃんこにしてもっていくんですね。みんな喜んでくれて、まあ、いったら、無事に帰ってきたという挨拶ですね。わたしらは家がなかったんで、本家の二階みたいなとこにいてね。あそこの近所の人たちは「網野さん帰ってきた」といって、みんな楽しみにしてましたね。

止めるといったとき、ホッとしたわ

（一九七六年に）捕鯨がもうストップになったんです。もう歳だったし、満年齢で五九だったので。止めるといったとき、ホッとしたわね。退職金も、年金も、失業保険も二年間くれるというし。それでみんなも一緒に辞めるというので自分も辞めようとしたら、会社が残ってくれといったんですよ。「東京駅前の丸の内の本社にこい」[*15]といってね。けど、もうみんなが辞めるんだから、わたしも辞めるといったら、嫁さんが怒ったんですよ。子どもが東京の大学に受かっていたので。嫁さんに「特別失業保険一年くれるから、もう大丈夫や」といってね。そのとき、北洋へ底引き漁に行くように会社から勧められたんですけど断ったんですよ。

＊15　日本水産株式会社と大洋漁業株式会社、株式会社極洋（一九七一年に極洋捕鯨株式会社から名称変更）を中心におこなわれていた南氷洋と北洋での遠洋捕鯨は、ＩＷＣ（国際捕鯨委員会）による大型鯨類の捕獲枠削減をうけ、捕鯨事業の統合会社を設立することとなる。その結果、一九七六（昭和五一）年一〇月、日本共同捕鯨株式会社が誕生した。

そのあと太地の役場がそういう失業した人を産業観光課で雇ってくれたんですよ。平見に平見台園地というのがあって、継子投《ままこなげ》ってとこがありますね。あそこの手入れをしたり。便所ももちろん掃除しなきゃいけないし。その仕事に雇ってくれたんですよ。あれで十何年、草刈りしたりね。そこの上に桜を植えたので、それの消毒したり、肥料やったり、子どもらが名前付けたりしてね。継子投に行くようになってから、結構呑気でよかったですよ、危険なことないし。

大発乗りにはね、危険手当てというのがつくんですよ。ほかのところもくれといっても、大発は一番危険だからって。母船から肉を積んで運ぶとき、相当肉を積んで行きますから、もう大発がタプタプになるんですよ。それで時化のときなんかえらいんですよ。母船から肉を積んだら、今度は明洋丸という冷凍船に肉をあげるのも大変なんですよ。大発が結構大きいですからね。落ちたら終わりですよ。まあ、そのおかげで厚生年金ももらってるしね。嫁さんが生きてるときだったら、扶養があったから二二万くらい年金もらってたんですよ。嫁さんが亡くなって、いまも手取り一七万円くらい年金もらってるんですよ。太地でこの生活してたら、そんないりませんからね。大体一〇万円ずつ余ってますけどね。頑張ったおかげで、不自由なしにね。

去年まで東京都の一番端の町田にいたんですよ。桜の名所でね。いても近所の人と話すことないし、散歩に行くだけで孤独だったんですよ、ほんまに。毎日ファミリーマートに買い物行ってね。お金なんかはイオンの現金おろすところがあるでしょ。いいですね。イオンというのはすごいですね。

それで、今年(二〇二二年)の夏に帰ってきたんですよ。段ボールに荷物全部詰め込んで。冷蔵庫や洗濯機とか、全部置いてきたんですよ。子どもに処分してくれといってね。東京の家は家賃が一七万円もするし、こんなところにあってもあれだと思って……。絶対帰るといって。太地が一番いいですね。

わたし、平見に畑があるんですよ。親父がアメリカから帰ってきてマニラ(麻)といって、ロープなんかつくる繊維をとるやつ、あれを契約してつくってたんですよ。それを親からもらったんですよ、二〇〇坪。そこに小屋を建てて、地震や津波がきたときに逃げるようにしているんです。そこにたまに遊びに行くんです。（畑から）勝浦向いての景色、ライオン島なんかありますからね、あそこなんかいいですね。大好きです。

引用・参照文献

伊勢半グループ（公開年不詳）「沿革・歴史」〈https://www.isehangroup.jp/history/〉

葛城忠男（一九五九）『母船式工船漁業』大日本水産会新聞部。

岸本充弘（二〇一二）「捕鯨6社統合への経過を探る――下関市立大学鯨資料室岡村資料より」『下関市立大学地域共創センター年報』第五号、八二―八六頁。

週刊朝日編（一九八一）『値段の明治大正昭和風俗史』朝日新聞社。

大洋漁業株式会社（一九五六）『南氷洋だより』大洋漁業株式会社捕鯨部。

前田敬治郎（一九五七）『日本の捕鯨』ポプラ社。

マルハニチロ（公表年不詳）「近代～現代のサケ漁」〈https://www.maruha-nichiro.co.jp/salmon/fishery/04.html〉

●南氷洋をおもう②

大変な仕事やでぇ

濱田明也さん

はまだ・あきやさん……一九三四（昭和九）年、太地町生まれ。中学卒業後、大洋漁業株式会社（現マルハニチロ株式会社）に入社。南氷洋や北洋での捕鯨に従事。同社を退社後、太地町にてエビ網漁やアオリイカ漁、さらにイルカの突きん棒漁などをおこなう。

聞き手／構成　松浦海翔

一年辛抱して行かないけんのかいなぁ

中学校を卒業してから、大洋漁業[*1]にはいってね。戦後まもない時分やったやろうね。それで南氷洋は一三回行ったね。当時は、行きたい人もおるけど、行けん人もおった。みんな大概、憧れとったけどね。伝手《つて》が無けりゃ、行けやせん。わしが行けたのは、親父の紹介があったから。

＊1　中部幾次郎が一八八〇（明治一三）年に鮮魚仲買運搬を開始。一九二二（大正一一）年に土佐捕鯨を買収し、捕鯨業に参入する。一九三六（昭和一一）年に南氷洋捕鯨への出漁を果たす。一九四五（昭和二〇）年に大洋漁業株式会社に社名変更。二〇〇七（平成一九）年に株式会社ニチロと経営統合し、二〇一四（平成二六）年には商号を現在のマルハニチロ株式会社へ変更。

南氷洋行くときは、横須賀からでてね。操業は、だいたい五か月か、六か月くらい。船は第十二文丸[*2]やったかな。日新丸船団でね。ほんで、そのときの船団長が竹田繁夫さん。[*3]太地の人も、よう船に乗っとったね。それから、多かったのは青森と秋田の人やね。[*4]

船に乗って、横須賀からでるときには「これなぁ、一年辛抱して行かないけんのかいなぁ」思うて、でも「ええい、仕方ない！　一年行ってくるわ」って乗っていたからね。そら、つらかったわ［図1］。

＊2　一九五一（昭和二六）年一一月に竣工（四七〇総トン、二〇〇〇馬力）。母船の処理能力の増大にともなって捕鯨船の拡充が必要となり、第十一文丸、第十一関丸と同時期に下関市の林兼造船で造船された。このことにより当時、日新丸船団に配属された四七〇トン型の捕鯨船は五隻となり、船団の隻数は計一三隻となった（竹田繁夫『南氷洋に生きる』一二五－一二六頁）。

＊3　一九〇六（明治三九）年生まれ。一九三〇（昭和五）年に、大洋捕鯨の前身である林兼商店に入社し、一九三七（昭和一二）年に南氷洋へ出漁。一九四六（昭和二一）年から船団長となり、戦後に南氷洋捕鯨が再開された第一次から一〇回にわたり南氷洋捕鯨に出漁。著書に『南氷洋に生きる』（一九六〇年、いさな書房）がある。

＊4　青森県の旧南郷村（現八戸市）と秋田県の旧刈和野町（現大仙市）は、大洋捕鯨／大洋漁業で出漁した出稼ぎ村として有名である。旧南郷村には一九五九（昭和三四）年に大洋漁業が造成した大洋公園もあり、桜の名所として親しまれている。現在は、南郷アートプロジェクトと称し、アートによるまちおこしをおこなっている。二〇一八年一〇月には、中屋敷法仁の演出・脚本による住民劇『くじらむら』が上演された（南郷アートプロジェクト「中屋敷法仁演劇公演「くじらむら」」）。

あのとき南氷洋で捕っていたのは、ナガスクジラとイワシクジラ。あとはザトウクジラやとか[5]、マッコウクジラやとかもね。わしは、キャッチャーボートも乗ったことがあるし、ダイハツ[6]もね。それから「母船でボーイをやれ」といわれて、それもしとったね。司厨士《しちゅうし》っちゅう仕事があんだな。その人らが料理をつくってると、それを盛って、みんなに配るんや。大変や

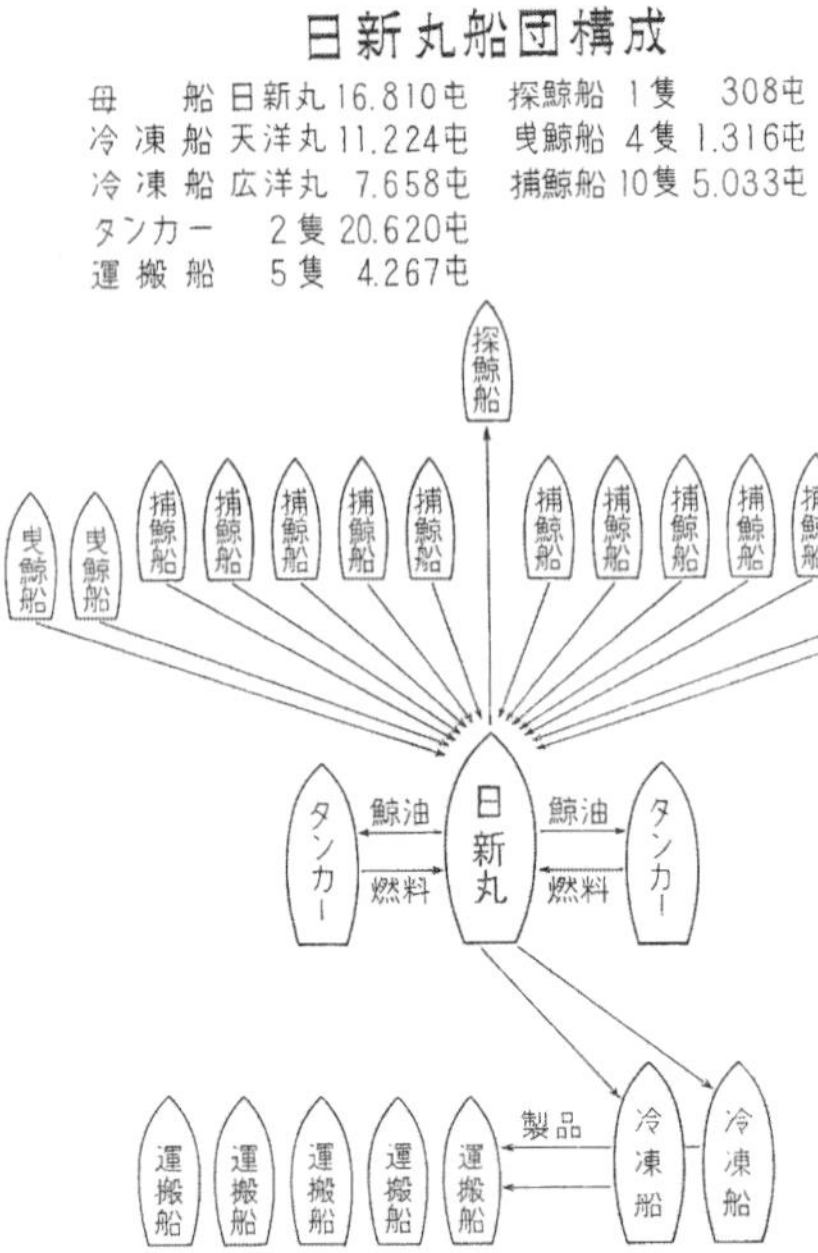

母　　船	日新丸	16.810屯		探鯨船	1隻	308屯
冷凍船	天洋丸	11.224屯		曳鯨船	4隻	1.316屯
冷凍船	広洋丸	7.658屯		捕鯨船	10隻	5.033屯
タンカー	2隻	20.620屯				
運搬船	5隻	4.267屯				

図1　1955/56年漁期の日新丸船団

出所：大洋漁業株式会社捕鯨部編『南氷洋だより』

図2　大洋公園

1959年造園。記念碑には大洋漁業株式会社常務だった竹田繁夫の名も刻まれている。

出所：赤嶺淳撮影〈2017年9月〉

でぇ、ほんまに。いま考えたら。

＊5　南氷洋でザトウクジラの捕獲が許されたのは、一九六二／六三漁期まで。ナガスクジラは一九七五／七六年漁期、イワシクジラは一九七七／七八年漁期、マッコウクジラは一九七八／七九年漁期を最後に捕獲禁止となった。

＊6　正式名称は大発艇《だいはってい》。母船とキャッチャーボートを往還し、鯨肉を運搬する、輸送用の小型船のことを指す。第I部1の網野俊哉さんの語りを参照のこと。

南氷洋での生活

船のなかでは、クジラをよう食べたわ。食べ方は、だいたい刺身やったね。刺身以外やったら、畝《うね》＊7やったりね［図3、4、5］。畝を切って、それに塩しといて、それをまた洗って食べたりね。生でねぇ、生ベーコンみたいにして食べたんや。まあ、クジラ食べられるんが嬉しいとか、好きや嫌いやとかはなかったね。食べるしかない。食べやらんだら、あかんもん。仕事できんようになるからね。

＊7　畝須《うねす》ともいわれる。その形状が畑の畝に似ていることから、「うね」と呼ばれている。脂肪が厚くベーコンの原料となる。一八〇頁注5も参照。

図3 ニタリクジラの畝須の截割《さいかつ》

出所：日新丸にて赤嶺淳撮影〈2021年7月〉

図4 ニタリクジラの畝須

出所：日新丸にて赤嶺淳撮影〈2021年7月〉

図5 畝須の刺身
出所：徳家（大阪市）にて赤嶺淳撮影〈2018年12月〉

南氷洋おるころの楽しみっていったら、食べて、ほんで寝ることやね。あとは中積み船[*8]が内地から手紙やなんやをもってくるのを楽しみにしてたこともあるね。土産とかを積んでもうてくんねや。まんじゅうとか、ミカンとかね。

＊8 冷蔵あるいは冷凍貨物などを運搬するための、専用の船艙を備えた船の総称。操業期間中、日本と南氷洋を往復し、日本から食料のほか、家族などから託された乗組員への私物も運んだ。

ペンギンも一回、つかまえたことあるな。ポンってやったらひっくりかえって、海に浮かんでくるからそれを拾うんや。ほかからきた人にやったんやもん、ペンギン。剥製にするんやろうね。「これもっていかんしぇ」ゆうたら、「ええのか、もろうて!」ってゆうてたよ*9［図6］。

*9 『南氷洋だより』（大洋漁業株式会社捕鯨部編）によれば、一九五五／五六年漁期、日新丸船団はロス海からコウテイペンギン七頭をもち帰り、上野動物園と東山動物園（名古屋市）に寄贈したという。なお、作家の檀一雄は一九五一／五二年漁期、戦後に新造された日新丸に乗船し、南極海におもむいている。結局は失敗することになるが、ペンギンを連れて帰ることを決意し、自分の寝室で育てていた。

オーロラでたぁ

それからね、南極ゆうたらよぉ、オーロラ見えるやろ？　オーロラが見えたら、そのあと大《おお》時化《しけ》になるんや。母船にいて、「あー、オーロラでたぁ」ゆうたら、みんなでびっくりして「あやー、こら大時化やわ」っちゅうて。綺麗だなんて思う暇もないわ。時化ゆうたらもう、船がひっくりかえるくらいの波やもん。あれは怖かったね。そうなったら、もう、逃げて隠れんねん、氷山の影へ［図7、8］。

ほんでほれ、肉やとか、そんなんをデッキに置いてあるやろ？　デッキに切って置いてあるさかい、それを下の倉庫にしまいにいったりよ。そのまま置いとかれやんから。「あー、もう時化や」ゆうて。

図6 コウテイペンギン

写真提供：（一財）日本鯨類研究所［羽田野慶斗・共同船舶株式会社製造部撮影〈2018年2月〉］

図7 日新丸から見たオーローラ

写真提供：（一財）日本鯨類研究所［羽田野慶斗・共同船舶株式会社製造部撮影〈2017年2月〉］

北太平洋の海

南氷洋から太地へ帰ってくるのは、やっぱり楽しみやったね。帰ってきたら、みんなで湯川温泉に行って、休んだりしやったよ。向こうにしばらくおったね。ほやけど、南氷洋から帰ってきて、すぐに北洋へ行ったからね。北洋も一回、行って。

　そのときは、ダイハツに乗ってたね。ダイハツに乗ってね、母船に肉積みに行くやろ？キャッチャーボートで捕って、そこへ置いてある肉を、冷凍船へもっていかなあかんからね。ほんならそのとき、だれかが船と網をつなぐ箇所をまちがえて、船がかやった（ひっくりかえった）んだもん。落ちたんや、北洋の海に。「これはもうあかんな、死んだな」と思う

図８ 南極海の時化

写真提供：（一財）日本鯨類研究所［津田憲二・共同船舶株式会社甲板部撮影〈2019年2月〉］

たね。やけど必死に泳いでね、船からもモッコ[*10]を垂らしてもろうて、助けてもうたんや。あれは寒かった。冷たかったね。

*10 畚《もっこ》とは、荷揚用の網のこと。

ええ加減に捕ったんやでぇ

南氷洋やら北洋やら行って、太地に戻ってきてからは個人で漁師をしたんや。自分で漁をやるってなって、昭栄丸《しょうえいまる》っちゅう船をつくってね。昭栄丸、速かったんやで。二〇ノット（時速三七・〇四キロメートル）くらいで走るんや。船には神棚があって、船神様が祀ってあった。たまに御神酒をお供えしたりしてたね。

ほんで漁は夏山《なっさ》の海でやってね。そのときはエビ網やとか、アオリイカ漁をやった。三枚網っつってよぉ、網を三枚組みあわせたものをつくって、ほいで捕るんや。ええ加減に捕ったんやでえ。魚は、太地ではケンケン[*11]ゆうんやけど、カツオ曳きに行ったくらいのもんやねぇ。それと、カツオ曳きに行ったらほれ、トンボ[*12]も食うしよぉ。それもたまにやったんや。

*11 カツオ漁のことを指す。詳しくは七六頁注10を参照。

*12 標準和名はビンナガで、ビンチョウ、あるいはビンチョウマグロともいわれる。長い胸《むな》

鰭《びれ》がトンボの羽のように見えることから、関西地方を中心に「トンボ」とも呼ばれている。

イカなんか捕るのはもう、わし名人やったで。ブイを浮かせて、下へ柴《しば》[*13]をやってね、ほいで、網をまわしてきてね。網をあげた時点で死んでいるやつがあったら、家へもち帰ってきて、オカンが料理つくって食べさせてくれたわ。炊いたり、刺身にしたりね。ほやけど、だいたいは籠に入れて活かしておいてね、いま漁協があるところの市場へ売りにいったんや。

*13　木の枝や竹などの束を海中に沈めたもので、イカを捕るための漁法として用いられる。柴漁、柴漬け漁などと呼ばれる。

それから、素潜りでもやっとった。素潜りやから、ダッコちゃん[*14]も着てないで。突きん棒へゴムつけて、銛みたいにしてね。一回、海でのろけてたらスズキがこーうやってきて、シュッってやったら、もうちょうど、頭を突いてね。バタクラ（暴れること）もしやんとつかまえたわ。あれは大きかったわぁ。

*14　黒いゴム製のウエットスーツのこと。

ほやけど、わしが小さいときは、溺れて助けてもうたときもあんやで。泳ぎ、あかんねん。もうねぇ、いやんこ遅かったんや。遅いのなんのって。溺れるくらいやから、遅うて、遅うて。

海で遊ぶんは当たり前やったし、それで慣れていったんやろうけどね。

イルカがついてくる

漁をしよったら、船にイルカがついてくることがあんねや。船についてくるのは、だいたいがスジイルカ。あとはバンドウイルカ（ハンドウイルカ）とかね。それを突きん棒で突いたこともあったわ。スジイルカは人気やったね。高かった。バンドウは賢いさかい、なかなか捕りにくかったわねぇ。ほんで、ゴンドウはよっぽどやね。ほとんどついてこんのや。

イルカは、銛を投げて、一発でつかまえんねん。チョッキゆうてね、離頭銛《りとうもり》を投げてね。チョッキの先を紐で縛って、深くいかんようにして生け捕りにしたこともあるわ。[*15] 死なんようにしてね。それから、猟銃を使ったこともあるね。イルカ銃ってやつ。親父はもう、陸《おか》へあがっていたから、イルカを突くコツなんかは自分で学ばなあかんかったけどね。

＊15　太地町立くじらの博物館は、太地町における捕鯨の歴史と技術を後世に伝えることを目的として、一九六九（昭和四四）年に設立された。開館の翌年、一九七〇年四月に同館に着任した松井進氏（太地町在住）によれば、同博物館でハンドウイルカの飼育を開始する際、濱田氏に生け捕りを依頼したという。同年五月から七月までの期間、松井氏は濱田氏の漁に同行し、計四頭のハンドウイルカを捕獲した。

海の味と、おもいで

イルカは、刺身で食べたりもしたね。パーっと味噌をつけて。おいしいのは、腹のとこね。腹を割るやろ？　割ったら腹の、下の方の薄いところの身がうまいんやぁ。腹と身とが薄いところね。太地ではハラボってゆうてるけどね。上側の肉やったらあかん。食べやんことないけど、それはあんまり料理しやなんだね。おいしかったんは、やっぱりスジイルカやな。内臓は茹《う》でなあかんから。たまに茹でて食べたけど。なにしろ、茹でものをつくるのは大変[*16]。一〇から一五センチくらいの大きさに切って、ほんで鍋いれて、だいぶ炊かなあかんからね。そのまま食べても固いんよ。家で茹でたやつは、よう知った人やったらあげたりもしたね。「ほら、もってけや！」っちゅうて。

*16　一六七頁注6、一八四頁（図4）を参照。

ゴンドウも尾の身やったら、うまいと思うね。ゴンドウは干物にしたやつもあったけど、あれ焼いてから、切らなあかんやろ？　それであんまり食べやんかったわ。あとはミンククジラもおいしいよ。ほやけど、ゴンドウとミンクより、ナガスクジラの方がおいしかったわね。まあ、どんなこともあったわ。よぉ、いままで生きてきたもんやて。それだけや、もう。ほやけど、いま思い出しても、船に乗ってるときに見える風景はよかったわぁ。やっぱり、梶取崎《かんどりざき》から燈明崎《とうみょうざき》の先へ抜けていったときに、島がようけある。あれやこれやって。それが船で帰ってくるときに見えてね。あとは、ちょっと沖にでてからやと、那智の滝も見えたりね。ほれから妙法山。あれは目印になった。ここまできたるなぁって。それを覚えてるさかい、いまでも「ええわぁ」と思うね。

図9　イルカを突く濱田さん
出所：『アサヒグラフ』2432号（1970年8月7日号）、75
松井進氏提供

引用・参照文献

大洋漁業株式会社捕鯨部編（一九五六）『南氷洋だより』大洋漁業株式会社捕鯨部。

竹田繁夫（一九六〇）『南氷洋に生きる』いさな書房。

檀一雄（一九七七）『檀一雄全集　第四巻——照る陽の庭・ペンギン記』新潮社。

南郷アートプロジェクト（二〇一八）「中屋敷法仁演劇公演『くじらむら』」〈https://www.hachinohe-artarchive.jp/project/nango-art-archive/2018/454〉

asics

◉南氷洋をおもう③

もう海しか知らないもん

小貝佳弘さん

こがい・よしひろ さん……一九四〇（昭和一五）年、太地町生まれ。漁師の家庭に生まれ、小学校を卒業するころから船に乗り、一九六一（昭和三六）年から四年間、日東捕鯨船団員として南氷洋捕鯨に参加。その後、家業を継ぎ、一九六五（昭和四〇）年に自身の船をつくり独立。

聞き手／構成　辛承理・湯浅俊介

うちは代々漁師だった

聞いてる話では、うちは代々漁師だったね。何代目なんてわからないけど、墓をみると、そうとうむかしからだった。父親は定置とエビ網、棒受《ぼうけ》網《あみ》、それと突《つ》きん棒《ぼう》。突きん棒というのは、クジラの突きん棒とはちがうんだ。父親はクジラ関係はほとんどなかったけど、ちょっと遠い親戚でちかいつきあいをしているとこが天渡船《てんと》[*1]をもっていたから、それに一年か、二年行ったくらいかな。

＊1　天渡（天渡船）に関しては二七二頁を参照。

時期によって漁[*2]があってね。定置行ったというのは覚えてないんだ。覚えているのはイセエビ漁。むかしから、県で認められたのは九月一六日から四月の末まで。そのつぎは五月一日から六月いっぱいまで、二か月くらいアオリイカの打ち網というのがあったの。突きん棒は、そのときはギへエっていってたんだけど、エイだね。エイが沿岸に結構あったの。それを突いたり、シュモクザメ突いたり。シュモクザメはここら辺に多かったの。エイは翅《ヒレ》が売れて干物にしたりで、真んなかは畑の肥溜《ボチ》めへ入れて腐らして肥料にしてた。シュモクザメとかもみんな干物だった。それで肝が売れたね。いまは肝油だけど、父親からむかしの話を聞くと、化粧品にできたみたいだね。代用になったみたい。

＊2　太地の小型船漁業は大正時代にはいると漁船の機械化がはじまり、終戦後には機械化が急速に進んだ。小型船による漁業は季節に応じて営まれ、おもなものには一本釣り、エビ網、ケンケン、棒受網などがある（浜中栄吉編『太地町史』五〇三頁）。

自分のことであれだけど、物心ついたころからにはもう浜へ行って、エビ網の海藻を外したり、手伝いに行ってたわ。楽しい、楽しくない、そんな感じなしで、家族みんなでやるのがほとんどだったの。とくにうちはそうだった。自分から手伝う子と手伝わない子とかはあったけど、わたしはとにかく勉強そっちのけで家の手伝いしてた。勉強より、家の手伝いね。

けど、船酔いがすごかったの。本当は船酔いするし、小学校行くときから網の手伝いとか櫓《ろ》をこいでいたから、自分自身は器用だと思うけど、あんまりほかの人より器用というほどでもなかったから、漁師はちがうかなと思ってたの。漁師そのものは嫌いではなかったけど、船酔いが酷かったのよ。父親もそうだったらしいけど。けど、慣れていって……。たとえばエビ網だと、エビ網は月のうちに二〇日くらい、むかしはやってたから、三〇日のうち一〇日くらいが休みだったのね。むかしは綿糸の網でナイロンがなかったときだから、網の色が落ちていくと、網が弱くなるの。だから、休みの一〇日のうちに、湯沸かしてそれを染めるの。カッチ染め、[＊3]網をね。そんなことしたり、陸の仕事していると、船酔いが治ってきても、また一週間くらいして漁に行ってまた酔って、また戻ってくる感じ。

＊3　網を構成する網糸には亜麻、麻、羊毛、絹糸などの天然繊維が使用されていたが、一九五〇年代以降は化学繊維が使われはじめた。天然繊維の網は破断や摩擦が多く、劣化も早いため、定期的に手入れが必要であった（水産総合研究センター編『水産大百科事典』二〇三頁）。

漁師として年中ずっと船に乗るようになったのは小学校が終わってからすぐ、すぐね。むかしはすぐできたの。いまは規制しながら漁しないといけないけど、むかしはそんなことなかったんだよ。だから、中学校が終わってからすぐエビ網でも行けた。漁業組合に申し込んだら、すぐ組合員になれたし。

自分ひとりでできる職

五人兄弟で、じいさん、ばあさん、両親、九人家族。長男が病院入ったりなんかしたり、二男はそうでもなかったんだけど、身体弱い人間かかえて。貧しかったもんね。だけど、隣の人が助けてくれてね。人がいい人でね。そこの長男の人が捕鯨船で船長してて、その人も努力そうとうしたみたいなね。ボーイからあがって、船長までいって、しまいに砲手になった。頑張り屋の人だったし、うちのおばあさんらに聞くと学校行くときは勉強もできたみたいで。むかしは伝手があったから、その人がどうしても「自分の力で一番先に捕鯨船へひっぱるから」といってくれたの。それが、中学校まだ行ってない時分からいってくれたからね。

それから母親に「歳とっても自分ひとりでできる職を手につけたいんやけど」といったときに「裏の兄さんが捕鯨船にひっぱるといってくれるしなあ」ということで。それだけ太地は捕鯨船乗りというとみんながね、捕鯨船行く人そのものよりも、側《そば》の人らがみんな捕鯨船乗りということに対して喜んでくれた。「捕鯨船、今度、行くんです」いうと、「よかったね」ていって。知った人が喜んでくれるような感じだった。太地はね、とくにね。小型のクジラからずっとしてきたから。南氷洋行って大型のクジラを捕ることに対しての憧れというのが、若い人もあっただろうけど、側の人らもあったね。

結局、南氷洋に行ったのは昭和三六(一九六一)年だったのかな。第一六次じゃなかったかな。一六次から一九次まで行ったのかな。それくらいしか行ってないわ。四年か。そのときからもう船団もね。日本から七船団かな。大洋は三船団だしたんでしょ。それで日水が二、極洋が二つで七船団。[*4] 最盛期！　多分、一番クジラ捕ってたときだと思う。

＊4　日本は一九六〇／六一年漁期の第一五次南氷洋捕鯨時から一九六四／六五年漁期の第

一九次南氷洋捕鯨まで、大洋漁業三船団、日本水産二船団、極洋捕鯨二船団の合計七船団の出漁となり、戦前戦後をとおして最大を記録した（多藤省徳編『捕鯨の歴史と資料』三九―四〇頁）。

南氷洋での仕事

仕事は、僕らはキャッチャーボートの甲板[*5]だったからね。甲板員で、舵もつのと、その舵もつのも上から指示がくるんだよね、クジラ捕りするときでも普通に走るときでも。トップにのぼったり、クジラを発見する。クジラ捕ったら、それを浮かして、つぎのクジラを捕る用意をね、とにかく働く［図1］。

＊5　船舶の乗組員は、職務に応じて、甲板部、機関部、事務部などに区分されている。小貝さんは、甲板部員としてキャッチャーボートに乗船した。

太地は母船の人も多かったんだよ。船に乗ると太地の人とは何人か会った。とくに僕は小さい会社だったから。日東捕鯨[*6]といってね。あの当時、日東捕鯨と、近海捕鯨とあったしね。それから日東捕鯨は日本水産にチャーターしてもらって行ったんだ。それで近海捕鯨は大洋漁業の方に行ったね。雇ってる会社はみんなちがうの。

＊6　日東捕鯨は、第二次大戦後、沿岸捕鯨をおこなっていたが、日本水産や大洋漁業の船

団に参加する形で、一九五六／五七年漁期（第一一次）から一九六三／六四年漁期（第一八次）まで南氷洋捕鯨にも出漁した（日東捕鯨株式会社『日東捕鯨五十年史』九一―九二頁）。小貝さんが南氷洋に出漁した年次は定かではないものの、語りから察するに第一五次から第一八次操業の四漁期であったものと思われる。

図1　小貝さんが保管する南氷洋操業の写真

キャッチャーには第三隆邦丸、母船には図南丸とある

出所：小貝佳弘氏提供

一回行くと半年だったかな、半年。船酔いはもうその時分になったらね、慣れてくるからね。出航して天気が良くて穏やかなときだったらそのままずっと酔わないでいけた。

南氷洋行くとね、甲板部は休みというと時化《しけ》の日。もう船が危なくてクジラを追尾できないとき。そういうときは休み。といっても、時間的にワッチ*7はあるんですよ。四人でね、四時間ごとやったり。まあ、そのかわりクジラ捕らないから自分のワッチ、舵もって、その船の番している。時間以外はゆっくりできたわけ。

＊7　航海当直のこと。多くの場合、一二時間を三等分し、四時間勤務八時間休憩の三交代制がとられている。三九頁注10も参照。

食事はね、やっぱり専門の人ついていたからね。司厨《しちゅう》さん*8がね。船によってね、やっぱり上手な人といったら悪いけど、いろいろあるわけ。だから最初行ったときはね、立派な人で、結構、なにもかもこしらえてくれた。パンも焼いてくれるしね。食パン。クジラなんかでも食べかた変えてね、上手にしてくれたね。

＊8　捕鯨船団では調理を担当する部署を司厨部、その責任者を司厨長、調理人を司厨員もしくは司厨士と呼ぶ。新人はボーイとよばれ、士官の給仕係もつとめる。

クジラを母船からくれるんだ、おかずにね。キャッチャーボートは肉とれないからね。母船

図2 母船へ横付けし、給油をうける
捕鯨船第三関丸（1939年竣工、300総トン）と大発艇
母船は日新丸（1951年竣工、16,810総トン）で、400名が暮らしていた。
一般的に大発艇は100総トン未満であった。
出所：大洋漁業株式会社捕鯨部編『南氷洋だより』

で解体した分を補給のときにね。燃料補給したり、母船から食料を補給したり、それと銛の交換ね。捕った銛はクジラについてあるからね。そして捕ったクジラを母船の方に運んで行くから。自分らで捕ったクジラは自分らでまたあとに戻って集めて母船へもっていくような感じだった。そういうときに、大発[*9]ってあるの。母船で解体したクジラの肉を冷凍船、中積み船へ運ぶ。そのついでにね、その船が肉をもってきてくれるんです［図2］。

＊9　大発（大発艇）に関しては三六頁注6を参照。

そのクジラはステーキにしたりね、それですき焼きにしたり。そのときはほとんどナガスだったもんね。あれがおいしんですよ。太地ではナガスの刺身なんてめったに食べれませんね。だってないんだもん。ナガスクジラは南氷洋行くまでにちょっと北海道の沖で操業したときに船からちょっと捕るんだけどね。クジラひっぱってるとき、包丁で切って肉とって。だけどそんなに良いところはとれない。それでもおいしかったね。好きな人はね。脂もあるところだったし、ナガスの尾肉とかあると……。それはフライパンにそのままにして油ひかないとね、ちょっとしたらジューっとして縮まるんだわ。それがもうなんともいえない。それはおいしかったね。とくに好きな方だった、鯨類はね。

いっぺんね、南氷洋でナガスのものすごくおいしいのが捕れて、母船からきてね。生で。冷凍して、それ家あげたら母親が「あんなおいしいの食べたことがない」って何回もいってた。尾《お》の身《み》のいいとこだったの。それがとくに僕らが南極で食べてもおいしかったの。いいとこだった。それを司厨士さんがわざわざそういってくれてとってくれて。なんか、いい思い出だった。いまは冷凍船でもものすごく良くなっているけど、あの当時あんまり野菜なんかでも、野菜のシャキシャキ感というのは冷凍しちゃってなかったし。

南氷洋行ったらクリスマスがこっちの正月みたいなもので、その日は司厨士さんがご馳走してくれたんだ。牛肉ステーキ焼いてくれたりね。本当にいろいろしてくれた。だけどやっぱり牛肉のステーキより、ナガスの尾肉のすき焼きとかね。それは忘れられないわ、おいしかったのはね。それでクジラでもステーキでもそのまま焼くのではなく、玉ネギとか生姜すったタレとそれに漬け込んで焼いてくれたね。こまめな司厨士さんだったら、そうしてくれたんですよ。手間かけてね。クリスマスの前の日は司厨士さんとボーイさんは寝ないで料理してくれた。食べさせてくれた。ご馳走だったね。ご馳走にしてくれたね。それも司厨士さんによるんだけどね。

四年後ね、南氷洋から帰ってきたときの父親の姿がね。あの当時、六〇手前だったんだよね。むかしの人はそれでも六〇って、いい歳だと思ってたからね。それが髭面だったし、髭がね、白毛だし。なんか、もう歳いったように見えてね。九人家族で父親ひとりというんで、生活本当に大変だったし。しかし、親父のそんな泣き言のようなことも聞いたこともなかったけどね。その姿見て、はぁ、もう他人と一緒にするよりも、親父と一緒に漁師してやるかという気持ちで、それでおりようと思った。まあ、親はどんなふうに思ったかはわからないけど。

自分の名前とって佳丸

南氷洋からおりたあとは、まえみたいにイセエビとアオリイカとかをしてね。それで今度、自分で小さい船だけどつくったの。自分がつくった船の名前も父親の船とおなじ和楽日丸《わらひまる》でもかまわないと思ったんだけど、親父がもう「おまえがつくったおまえの船やから、名前変えておまえの名前で」。それで自分の名前とって佳丸《よしまる》にしたの。おりたあと、二年くらい経ってだったかなあ［図3］。

父親とは、ずっと一緒というよりも、自分が船つくってからひとりで行く漁も多くなってきて。エビ網はふたりで。それで棒受網はひとりで行ったり、ふたりで行ったりね。イルカの突きん棒漁は全然してない。むかし親らが突きん棒でエイとかシュモクザメとかしてたから、家に道具はあったからね。自分が船つくってからでも樫木の竿が積んであってね。それでケンケン[*10]とかなんか行くときに突いたりしたけどね。

＊10　カツオを漁獲するケンケン漁のこと。和歌山県の南紀地方を中心に存在する曳縄漁業（トローリング）の一種でカツオを中心に漁獲している。一九〇〇年代初めごろに和歌山県からハワイに渡ってカツオ漁業をおこなっていた日系移民が和歌山へもち帰った漁法が原型とされ、ケンケンという名称についてもハワイ語に由来するとの説もあ

図3　現在、小貝さんが乗る第5佳丸
出所：櫻井敬人氏撮影〈2022年12月〉

る（後藤明「ハワイ日系移民の漁具と南紀地方のケンケン漁法」）。

自分で大敷《おおしき》に＊11二年半くらいと捕鯨船行ったときは上の人がいて使われた。それ以外は親父と一緒にエビ網をやってきて、自分が船もって自分の思うようにやった。それで親子で喧嘩って本当にしてなかったね。よその人が羨ましがってた。親子で漁師している人がね。「佳弘、おまえはな、親父とな、仲良くするのに、俺の息子は文句ばっかりいってでもう……」って人がいたわ。親子で喧嘩してる人多かったもんね。ちょっと自分が漁師の経験積んでくると、親子で行くと意見がちがうときがあるの。それでぶつかってね。僕はそんなこと本当になかったもん。

＊11　定置網の一種のこと。太地町では、現在も鰤大敷網が設置されている［図4］。

親もね、ある程度になったら認めてくれた。僕が船つくったら、「おまえがつくった、おまえの船だから」ということで任せてくれたし。僕も親がエビ網とか魚捕る、磯魚捕ることに対しては、親に一目置いていたからね。船つくって沖行くときは親が任してくれたというか。だから喧嘩ってなかったね。親のおかげだね、それは。親がそれくらい認めてくれて文句いわなくて、おまえがつくったから、責任もってしろという感じで。棒受け（漁）で乗っても、僕

図4 太地町の大敷網
出所：赤嶺淳撮影〈2018年12月〉

がこっち行こうとしたら、親父が「昨日あそこにあったから、あそこにもう一回行かないか」とか「今日はあっち行ってみるか」といって。「やっぱりおまえがいうようにしたらよかったな」て、いってくれたからね。

一度、近所の人にマグロが捕れる場所を教えてもらったんだよね。二〇日間通ってみたけど、小さいマグロ一匹釣れただけだった。それも、小っちゃいから外れたんだわ。で、翌日、父親もちょっとお腹こわしてたから、ひとりで行ったの。燈明崎《とうみょう》からね。むかしの船は遅いから、ちょっと時間かけて走ってたの。そしたらカモメが五、六羽飛んでて、あれはカモメだけどなぁて思って。そこで、飛び魚[*12]をひっぱったんだ。そしたら手応えがドバーンてきてね。知り合いの漁師も、応援にきてくれて。それで本マグロふたつ捕れたの。

＊12　本物のトビウオに針を仕込んだ餌。棒で細工されて羽が広げてあり、まるで生きているかのように動く。

本当に嬉しくてね。一六六キロと一六一キロのを捕って。いまでもキロ数は覚えているね。船は三五万くらいでつくったんだけど、本マグロふたつで七〇万くらいちかくなった。それからかな、ちょっと人生上向いたといったらおかしいけど。やっぱり漁師してても心に余裕もてるのと、もたないのと、ものすごいちがうもんで、仕事でもそうだけど。

そのあとも本マグロ狙いはちょっとしたけどそんなにしてない。そんなにちかくにこないからね。それからそんなちかくで本マグロ捕れてないね。小さいマグロ、百キロ弱から五〇キロくらいのマグロは何度も釣ったことあるけど。でもあの本マグロふたつは残るね。それだけのものだね。いやあ、何年も行ってね、一匹も釣れない人がふたりか三人いたね。歳のいったベテランでもね。それが素人でもたまたま釣れた。いやあ、嬉しかったわ、そのときはね。一番嬉しかった。

みんなが共同で

太地には突きん棒組合[*13]って、追い込み組合の突きん棒組合ってこしらえとったんだね。当時、僕はそんな性能の船はなかったし、イルカ突きん棒組合には所属してなかった。船の性能がそれだけなかったら、組合は入れないね。入ってもあかんしね。それで船の性能が良い仲間がイルカを突きん棒をする人らで組合をつくったのよ。第一組合というのはね、突きん棒。第二組合の追い込みは、だいぶあとからになってくるの。だから、僕はイルカの突きん棒は全然してないの。それから二代目の佳丸で船のスピードも良くなったから、佳丸の二代目が第二組合、それで三代目になっていさな組合にいた。

＊13 突きん棒、追い込み漁に関しては、一四四頁注8および第Ⅲ部アラバスター氏の論考を参照。

追い込みはね、みんな船で乗組員ひとり乗せて、それでみんなが共同で探しに行くんだ。探しに行くまえにくじ引いて順番を決めるわけ。順番って、南から東をだんだんだんだん、おなじ間隔で探しにでるのに船の順番決めるの。それで一番南は明日は二番目、明後日三番目、それで一番東の最後の船は、今度は一番へ回ってくる［図5］。

自分の好きなところ行ったらあかん。だからみんなで一緒にでて、間隔とってクジラ探しに行く。それで（クジラを）見たらそこへ急行する。無線電話や、方向探知機《ホウタン》っていうのもあるし、何番目の船かって見たらどっちの方向で見ているのかもわかるでしょ。誰々が見たといったら南から何番目だとか、東から何番目とか、一番東の船や一番南の船とかわかるから。一番東の船が南の方へ走り出そうとすると時間かかるから、やっぱりそこで船のスピードが要されるんだ。

クジラを見つけた人が特別に報酬もらえるとかはないの。そのために順番にするんだ。報酬があったら、だいたいその時期になったら、この辺が多いというのはわかるから、そこへみんなが行ってしまうでしょ。報酬なしに万遍《まんべん》なくに探す。どこにあるかわからないから、万遍に探すために順番を決め

図 5　追い込み漁の出漁風景
出所：赤嶺淳撮影〈2019年12月〉

てこう。だから、それを決めてないと、自分勝手に行動されるとね、カタ悪い（迷惑な）んだわ。

肉はね、ゴンドウなんかは、むかしは畠尻湾《はたけじりわん》＊14に追い込んで、市場にあげて解体したでしょ。そしたら、その解体した日の肉の一部分をみんなで分ける。あの当時は量も捕れたけど、ひとりでだいたいね、一般の家庭が一食に食べる分くらいのものが一〇軒くらいに配れるくらい分けたわ。八軒から一〇軒、多いときは本当に一〇軒くらい配ったね。夕飯の一品で十分だったから、大きかったと思う。漁師が二六人いて、ひとりが八軒から一〇軒配るからね。だから町内だいぶ潤ったと思うよ。

＊14　畠尻湾は太地湾の北方に位置する入江であり、イルカの群れを追い込み、捕獲する湾。漁期外である海水浴シーズンには、泳ぎながらクジラが観賞できる「くじら浜海水浴場」としても利用されている。また、映画『ザ・コーヴ』（二〇〇九）の舞台ともなった。映画に関しては一四六頁注9を参照。

（いさな組合を）辞めてもう一二年くらいになるのかな。体力的にもあったし、一旦これで若い子にゆずろうかという気持ちもあると思うね。若い子でも「なんで辞めるの？」、「まだ、あんた仕事できるのに」といってくれた子もあるけど……。子どものときから網仕事を親がしてたから、追い込みするまでに親と一緒にエビ網とかしてたからね。だからそれもあったと思う。辞めてからずっとエビ網やっているからね。エビ網なんかの経験がなかったらなかなか辞めにくかったと思うわ。

やっぱり船乗ってするうちは漁師はもう……。周りの若い人らは「みんな船を辞めて船を手放したらあかんようになっていく」とみんないうけども。だけど、あかんようになるまで船乗ったんだと思う。だから、そういうんだと思う。魚釣りにしても、何にしても、自分の思ったように、僕だったら、いまだったら自分の身体《からだ》が思ったようにする。それもできないようになったら船離す、そしたら身体ももうあかん。そうだと思うよ。若い人は「船、やめたらあかんで」とみんないうけども、あかんようになるまでしないといけないと思う。だから若い人にもいったよ。「小貝さん、もう船に乗らないで。危ないわ」、「沖行くの危ないぞ」思ったらいってくれよと。「そんなになったら船に乗っても機械かからないようにしてあげる」といったりしてるけどね。もう海しか知らないもんね。

太地の好きなところか……。漁師の立場から考えると、ちょっと思ったことがあるのは、組織的な捕鯨がはじまって協力してクジラを捕るというのがもとにあるのか、ひとつの目的に対してみんなが共同してそれにあたるというのが、太地にはちょっとあるのかなという気がしたことがある。自分で感じたことだけど、ひとつのものを、協力して大きなものを捕るということに対しての協力心が、現代ではそんなもの少ないと思うんだ。若いときはそれを感じたことはあった。

太地を全体的に見てね、やっぱり海岸通りはいいと思うわ。この内磯から外磯までずっとかけてね、あの燈明崎、上がってくる道から勝浦の方、見ても景色いいじゃないですか。だから船であちこち行った時期もあったし。「ここの海岸線、綺麗だな」と感動したことはそんなにないかな。やっぱり太地なんか、船からみても綺麗だなと。むかし汽車のなかで、大阪の人だと思うけど、ちょっと都会の人が「わあ、なんて綺麗なところかな。こんなところ住んでたりしたら幸せやな」、そんな話聞いたからかな。だから、漁師のなかでも考えかたはいろいろあると思うけど、漁師だから海岸線へ旅行に行きたいという人と、僕らだったら山の景色。海岸線は、まあ、この辺で十分かな。

いまはもうないけど。追い込み行くとき、朝日も本当にいろいろの朝日、見えるもんね。太陽のでてくるときにね。どうしても毎日、雲と水平線での太陽のかたちが……。いっぺんはワイングラスみたいに見えたときあった。太陽がでていて水平線をきるときは、こうパーっと広がって、それで上の半分欠けてね。「わー、この朝日!」と思ったことある。それもめったに見れないけどね。

引用・参照文献

浜中栄吉編(一九七九)『太地町史』太地町役場。

水産総合研究センター編(二〇〇六)『水産大百科事典』朝倉書店。

多藤省徳編(一九八五)『捕鯨の歴史と資料』水産社。

日東捕鯨株式会社(一九八八)『日東捕鯨五十年史』日東捕鯨株式会社。

後藤明(一九八九)「ハワイ日系移民の漁具と南紀地方のケンケン漁法——移民をめぐる民具研究」『民具研究』八四号、一一-六頁。

Polo Club

足元は油まみれ

山下憲一さん

やました・けんいち さん……一九四一（昭和一六）年、カナダのシュメイナス（Chemainus）で生まれる。第二次世界大戦中、収容所生活を経て、五歳のときから太地町で生活。太地町では、マッコウクジラの筋をとったり、タコ壺漁、イカ打ち漁といった、さまざまな仕事を経験。高校卒業後、和歌山県有田市役所に勤める。現在は、有田市に在住しているものの、本籍は太地町に置いており、二拠点生活をしている。

聞き手／構成　松浦海翔・金定潤

◉マッコウにあずかる①

ちょっと稼ぎに行ってくる

アメリカのサンフランシスコへ移民として渡った菊松っていうのが、僕の祖父になるねんけどね。明治三二(一八九九)年、うちの親父の弟が生まれてすぐに、ちょっと稼ぎに行ってくるっちゅうことで行ったのね。で、サンフランシスコからカナダのスティーブストン(Steveston)へ行ったんやけどね[図1]。

それで、父も小学校卒業するなりね、「一緒に手伝うてくれ」っちゅうことで、祖父が呼び寄せたわけよ。一二歳のとき。その一二歳から三年間、一五歳まで勉強のために学校に行かせてくれたと。

カナダっちゅうとこはイギリスの人が多いんでね、せやから父は、イギリスの先生に教わってね。それで、三年だけ勉強したら、祖父が「もうそれぐらいでええわ、船に乗れ。魚は英語しゃべらん」っちゅうて、一五歳から船に乗せら

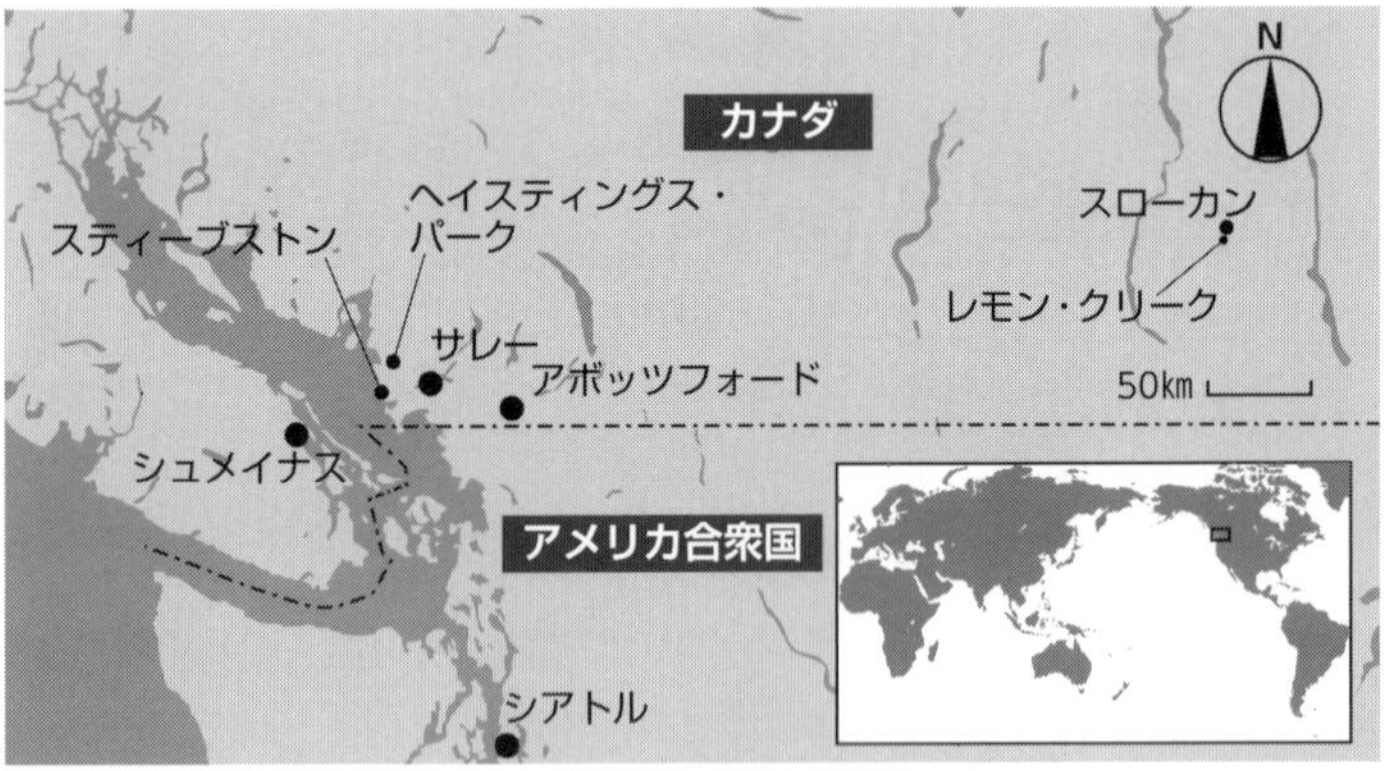

図1 カナダ南西部
出所：松浦海翔作成

れたそうですわ。それでサケの漁師してた。もうあと三年行ったら卒業なんでね、行きたかったようなんやけど、結局。だけど、十分英語がしゃべれて、新聞も読めたってゆうてましたわ。

痛いちゅうか、もう紫色になってるから

僕が生まれたのは、シュメイナス(Chemainus)。その約四か月後に真珠湾攻撃、そのまた二か月後に招集くらって、バンクーバーシティのなかにある「ヘイスティングス・パーク(Hastings Park)」っちゅうところにはいったわけ。まあ、公園じゃないけど、囲ったようにして公園として使ってたらしいね。で、そこで一時収容したのがこれですわな。木でつくったベッドを拵えて、そこへみんな寝かされた[図2]。

その四か月後に、一〇〇マイル[*1]以上海岸から離れなさいという命令があってね。それがあって、スローカン(Slocan)っていう町のちかくにあるレモン・クリーク(Lemon Creek)の収容所に移ったんやわ。当時は、僕まだ一歳になってないね。

＊1　一マイル＝一・六〇キロメートル。一〇〇マイルは、約一六〇キロメートルとなる。

幼稚園も、その収容所のなかにあった。つくってくれたんや、小学校と。僕、八月生まれな

んで、日本でいえば三月生まれになるんです。早生まれっちゅうかね。カナダでは九月入学、入園とかってするんでね。だから生徒のなかでも一番ちっちゃいんですよ。みんな背高いし、しっかりした顔しているのに。

僕は戸籍を日本へ郵送で登録してるんで、二重国籍になっててね。ところが収容所で生ま

没収　太平洋戦争が起きた直後カナダ政府に没収された日系人の漁船（バンクーバー周辺の港で）

写真は日系カナダ人100年祭写真展実行委提供

（3）　3版　昭和51年（1976年）6月15日（火曜日）

図2　山下さんが保管する新聞記事

〈上〉太平洋戦争が起きた直後カナダ政府に没収された日系人の漁船（バンクーバー周辺の港で）、〈下〉キャンプに行くまで一時的に集結させられたヘイスティングス・パークの“仮収容所”の木製ベッド

出所：山下憲一氏提供

れた、ふたりの弟と妹は日本へ報告しなかったんで、外国人登録になってたんですよ。日本へ帰ってきてからもね。

ほんで、その幼稚園はキリスト教の団体が運営しててね。だから、聖母マリアかなんかの絵がいろんなところにあったわ。園長先生をやっとったんは、イギリスの牧師さん。ミス・ホールドって名前やったね。小学校の校長先生は、ミス・ハマルトンっちゅうて。全部、イギリスのシスターがやっとったね。だから幼稚園や小学校では、ほとんど英語。日本語は親に習った日本語だけなんでね。家で話すのは日本語だけやったね。幼稚園では讃美歌、歌わされたりね。そうやって英語、覚えさせられたんや。

それから、幼稚園一年生と二年生と、それからつぎにはいる幼稚園生の子どもで、サンデースクール（日曜学校）っちゅうのをよくやってたんですわ。みんなでピクニックなんか行ったりね。こんな状態で［図3］。

父は、収容所では仕事してなかったね、全然。リリーフ（relief）っちゅうて、生活保護もらってたってゆうとった。することないんで、冬は罠を使うて鹿を捕ってたね。上手な人が多くてね、捕れた鹿を料理して、みんなに配ったりなんかしてたわ。

冬は、そり引っ張って遊んだりね。ほんで、あるときに僕はえらい目にあってね。いつも可愛がってくれるおばさんがね、僕をそりに乗せてドラッグストアに連れて行ってくれたんですわ。ほんで、おばさんはドラッグストアにはいっていって。僕はそりに座ってたんやけど、なかなか帰ってこないんよ、そのおばさんが。なかで話しこんでしもうて。

僕は雪のなかでずっと待っててね。それで、別のお客さんが何分かたって、きたわけよ。その人がおばさんに「外で誰か泣いてる」っちゅうったら、そのおばさん、びっくりして飛びでてきてね。僕、座って泣いてたわ。

家帰ってね、泣きながらはいっていったら、母親が火のついていないウォームストーブがある寝室へ連れて行って、手ぬぐいを使うて、僕の手を擦ってくれたんですわ。痛いちゅうか、もう紫色になってるからね。暖かいキッチンストーブのとこじゃなしに、寝室の寒いとこへ連れて行ってね、三〇分、一時間ほど擦っ

図3 1944年6月18日に家族でおこなったピクニック
出所：山下憲一氏提供

てくれたかな。やっとこさ痛み治ってね。長いこと、一時間ちかくもな、寒いとこで。手袋をしてたんかどうか知らんねけどね、それは覚えてますわ。そんなような冬の寒さのところ。そこで四年間生活してた。

いま思えば、あれ草履はいてたんやね

ほんで、この昭和二一(一九四六)年の八月に追いはらい[*2]があって。八月の末に向こうをでたんかな。だから、僕がちょうど五歳になったときに。ジェネラル・メイグス(General Meigs)っていう船でね。まあ、いわゆる輸送船やね。兵隊を送りむかえするところに乗せて、横須賀へ行った。

＊2　一九四二年二月、カナダ連邦政府によって施行された分散政策により、同政策で指定された防衛地帯(西海岸から一〇〇マイル。ブリティッシュ・コロンビア州をふくむ)に居住していた日系人たちは、立ち退きを強いられることとなった。ロッキー山脈以東への移動に応じない日系人は「不忠実な者」(disloyal)とみなされ、一九四六年に施行された政策により、日本に送還された(岡本寿郎「第二次世界大戦後初期のカナダ政府の日系人再渡加支援政策」)。一九四六年と一九四七年の送還政策によって国外へ追放された日系人は、約四〇〇〇名であるとされる(和泉真澄「鉄条網なき強制収容所――第二次世界大戦下の日系カナダ人」)。

船おりてから久里浜《くりはま》で、練兵所の跡の、宿かなにかのようなところへ入れられて。ほんで、

一週間ほどおったんかな。もう、僕はびっくりしたわ。フンドシ姿の人を見たりね、裸足で歩いてる人がおると思ったりね。いま思えば、あれ草履はいてたんやね。

それから、船艙っちゅうて、船の倉庫があるんですわ。そこでちょっと手荷物やなんや適当なもんあげてる作業してる人の服がね、半袖でボタンもあんまりせんと。それから、ズボンが半ズボンなんやけど、パンツだけ履いてんのかなっていうような感じでね。それで、長靴はいて、船艙の荷物を吊ったりしてたんですわ。それを見たときはもう、カルチャーショック。あれは衝撃やったね。

それから太地の方へ向こうたんやけどね。そのときは、太地駅じゃなしに、下里駅で降りたんですわ。太地の急な坂、むかしの道なんでね。いまでこそ舗装されてるけど。そこへ牛車っちゅうのがあって、それに母親は乗してもらってたね。僕なんかは歩いてきたんやけどね、下里駅から。それで、親父が戦前に建てたいまの家へ。それから、一年おいて小学校。六歳やからね、入学が。

ロウソクも電気もない時分ですわ

僕の小さいころなんか、ロウソクも電気もない時分ですわ。戦争でね。発電所なんかほとんど壊されてたんでね、よう停電してたんです。ロウソクも、そんなにつくる材料が少なかったんで、それのかわりにマッコウクジラの油を使うたんや。油は、脳油《のうゆ》使うたり、煎粕《いりかす》＊3っちゅうて、皮を薄く切ってね、それを油で揚げて、油を搾りとるんですわ。そんなん使うてた。

＊3　鯨油を採ったあとの鯨の皮。別名コロという。詳しくは一七六頁注2、二八一頁を参照。

そのマッコウクジラの油を皿の上へ乗せてね、灯心《とうしん》＊4っちゅうて、木綿の布を編んでね、その油へつけるんですわ。ほんで、その先っちょへロウソクがわりに火をつけたら、かなり明るくなるんです。停電で電気が消えたときなんかは、そんなんで字書いたりなんかしてね。「蛍の光　窓の雪」っていうような具合で。しょっちゅう停電してたんでね。まあ、そんなふうにしてたのは、だいたい、僕が小学校四年か五年までですわ。昭和二五（一九五〇）年、二六（一九五一）年かそこらまで。

＊4　麻や綿の糸を撚り合わせた、ランプなどの灯具に用いられる芯のことを指す。芯に油を染みこませ、その先端に点火して使用する。

昭和二十何年のときは、部屋に電灯がひとつずつってことはなかった。いくつかの部屋にひとつっちゅうことで。一階にひとつ、それから二階にひとつという具合でね。そのあとは電気も回復しましたわ。いまみたいに部屋ごとに電灯ができたのは、僕が小学校卒業するくらいやったかな。それからは電灯つけだしたね。

もともとは樽屋やったんやわ

太地ではね、樽屋が重宝されてた。クジラの浮きに使ったのね。クジラのうち、ハクジラの方は脂が多いんで浮きやすいけど、ヒゲクジラっちゅうってね、たとえばシロナガス、ナガスクジラ、ミンククジラの場合は、死んだら底に沈むんです。沈んだら重たくて上げられないんで、樽をつけたんやね。

江戸時代の古式捕鯨の時代になるけど、刺《さし》水夫《がこ》っちゅう役割の人がいて、その人が飛びこんでね、包丁を歯でくわえて。ハナグリっちゅうてね、クジラが呼吸する穴があるんですわ。[*5] ようは鼻やな。そのハナグリへ包丁を刺しこんで、そこへロープ通して、クジラが沈まないように持双船に縛りつけてもってきたわけ。

＊5　鬚鯨類の鼻には人間同様、穴がふたつある。ハナグリに綱を通すのは、セミクジラやザトウクジラ、ニタリクジラなどの鬚鯨類の捕獲を前提とした行為である。

ほんで、ちょっと引っ張りにくいな、というときに沈まんよう樽をつけて。綱に、ちっちゃな樽こしらえて縛ったわけよ。樽屋さんなんか、それで上位におかれたわけね。樽は絶対に水が入らんようにせないかんからね。技術が要ったわけよ。僕の祖父の家も、もともとは樽屋やったんやわ。

仕事は筋をとるっちゅうもんやった

僕ね、中学校くらいのときにマッコウクジラの筋をとるアルバイトをしてた。太地の、瀬《せ》の通路《つろ》でね。

マッコウがきたらね、引きあげるのは、別の本職の人がやってたね。そのマッコウ引きあげるのがね、轆轤《ろくろ》っちゅうて、輪軸《りんじく》があるでしょう？　台があってね、そこへ、太っとい柱が立ってるんです。そこへもち手がついててね、十字のように。ひとつのもち手にふたりで、四か所あるから八人で。ほんで、その下へロープを巻きつけてあって、その先をマッコウの尻尾へくくって。尻尾を引っ張るようなかたちで、それをずっと上まで、石がこう並んだところにぐーっと上げてね。そこで仕事してるのは、みんな太地の人やったね。

僕の仕事は筋をとるっちゅうもんやったわ。解体が終わったあとに行くわけやけど、マッコウの頭は、ひとつやふたつ並べてあったね。筋は、頭を切ったらコロッとでてくるんで

図4 マッコウクジラの筋でつくられたガット
説明書きには「弾力性、伸張性に富む」とある。年代不詳
出所：赤嶺淳所蔵

ね、皮を取れば。プツッと切ったらもうずーっと、段になってでてるからね。それを巻きとっていくようにしてね。カサカサの棒の方がひっつきやすいんで、切りたての、皮のついた棒に巻いて、押さえて、ピューっと引っ張ったら筋がスーっとでてくる。長いやつ、全部もったら、四～五メートルにはなるかなあ。それはガットとかにしていたようやけどね［図4］。

　マッコウは脂がすごくて、足元がもう、油まみれでね。ぬるぬるしてた。臭いは、僕ら感じやんなってたね。やってるうちに慣れたわ。それでも、あの油はダメだ。長靴がボロボロになる。もう三日もすりゃね、ベロンベロンって溶けてくる。あの当時は純正のゴムやからね、長靴は。ほんで、あの長靴傷めるんはつらかった。新しい長靴買うのにも、自分もちやからね。長靴も高かった。むかしはね。一足、一〇〇円か二〇〇円かやと思うけどね。

　長靴が溶けるゆうのは、マッコウだけやったね。もうひとつね、おなじような種類で、ツチクジラかな。やっぱハクジラね。だけどゴンドウやのイルカやのは、そんなことなかった。

あのときは叱られた、叱られた

タコ壺漁は、中学校三年生くらいのときから、二年くらいやっとったなあ。梶子《かじこ》っちゅうて、櫓《ろ》を漕ぐのが僕の仕事でね。松下さんっちゅう人の手伝いに行ってた。淡路出身の人でね。近所に住んどったから、「一緒に行ってくれんか」っていわれてね。

僕は、櫓を漕ぐの上手かったんや。松下さんがね、二丁櫓でいくわけよ。夏山《なつさ》の沖まで行かないけんかったからね。グルーッと回ってさ。船のまえとうしろにふたつ櫓があって、両方で漕ぐのに、あわせないかん。僕はうしろの櫓を漕いでたから、まえを見ながらあわしてね。ずっと体漕《たいこ》ぎでやってるんですわ。狭くて危ないようなところも、手漕ぎでね。

タコ壺は、夕方に海へ投げ入れて、朝方あげに行くんや。朝早くね。ほんならタコがまだ寝てるからね、タコ壺のなかで[図5]。

ほいであれ、見事なもんでね、壺の口が下向いてあがってくるんよ。ほんなら、タコがでて行かないんや。紐の縛り方が、壺の口を下にしてあげるようになってるんでね。人力で全部あげたりなんやするんやけどね。こう、クッとあげたらタコがなかへはいるんやね。そしたら船の上にあげて、壺を足で踏んどいたら知らんまにでて行って、それをポトンと、蓋を開けておいた生簀《カンコ》のところへひとりでにはいるんですわ。ほんで、つぎつぎまたあげて置いといて、またあげて。それを僕が漕いで、あわせていくわけよ。そして夏山から勝浦の市場まで売りに行くんですわ。太地よりそちらの方が高く買ってくれたんやね。

ほいで一回、一匹大きなタコをカンコへ入れてたら、這ってでてで行ってね。一番大きなやつが。「おまえ、なに見てるんや！うしろで！」って怒鳴られて。自分も見てりゃぁ、ええのに（笑）。もったいなかったね、大きなやつやってん、一番。船の上にタコが逃げた跡があってね。ゆうたら筋が、ズルズルしたあとが残ってて。あのときは、叱られた、叱られた。

船先へ石を投げる

それから親父と、親父の義理の兄貴とがイカ打ちっちゅ

図5 タコ壷漁をおこなう山下さん（写真左）
出所：山下憲一氏提供

うのをやっててね、それ手伝うてた。スルメイカやったら、あれは光に寄ってくるやつやから、夜、捕らないかんのやけど、われわれが捕ってたのは、モイカとか、モンゴウイカっていってね。せやから、昼間にやってたね。かなり大きなイカやわ。刺身にしたりするやつでね。

イカっていうのは、海藻に身体を寄せに行くんよ。だから、海藻に見立てた網をずーっと湾のちかくへ張っとってね、その網に向かってイカを追い込むように、ジグザグに船を動かしていくんやわ。拳くらいの大きさの石を陸《おか》で拾うてきて、海へバーンと放り込んだり。それからウバメガシ*6っちゅう、水にも沈んでしまうような木ね。あれが重いんで、それに紐を括って、ドスゥ、ドスゥとね、泡立てるようにして海に放りこむわけ。

＊6　ブナ科コナラ属に分類される常緑広葉樹の一種（*Quercus phillyraeoides*）。漢字表記は姥目樫。

石とウバメガシを海に放りこみながら、船を漕いでこう、追い込んでいくわけね。そうすると、イカが網の方へ、海藻とまちごうて逃げていくんですわ。そしたら、それを船の上に、網をつつみこむようにあげる。それがイカ打ちっちゅうてね。

そんときは、やっぱり追い方にコツがあるんで、上手なおじさんが舵取りしとったね。せやから僕はもう、船先へ石を投げたりね、そんなんしよったわ。

クジラを食べる

クジラはほとんどもらって食べてた。乗組員がわけて、もってきてくれるんですわ。ほんで、ことに塩漬けにした肉を水で塩をとって干すんですわ、クジラの肉をね。それ干物っちゅうて、ここらの飯食うのにご馳走のものだった。

それからウデモノっちゅうてね、内臓を塩揉みして加工してるところがあるから、生で買ってきて自分のとこで茹でたりね。生姜すりこんだ醤油につけて。結構、おいしいよ。

ほれから、ウチミっちゅうてね、あれもおいしかったな。ウチミって内臓を巻いた肉と筋とのところがあるんですわ。あと、豆わた。あれは腎臓になるんかな。

そして、白い、硬い胃なんかね。それと、百尋《ひゃくひろ》*7っちゅうて、長い小腸。それから太い大腸。小腸より大腸の方がおいしかったな。小腸はね、なかを綺麗に絞ってないとね、胃液が混ざってくるんで、ちょっと苦味が残るんやね。それから、煎粕《いりかす》。油を抜いてしまって、その残りのクジラの皮を煎粕っちゅうて、薄く切って、おでんに入れて、大根かなんかと一緒に煮たりね。

*7　詳しくは一六九頁、一七一頁図2、一八四頁を参照。

マッコウの肉はね、あんまり食べんやったね。うちの母親、マッコウの料理ができなかったわ。やっぱり特殊な、上手に味付けせんとおいしくない。干物になんかしたりして食べる人もあったけどね。このあいだ聞いたんやけど、「マッコウもおいしかったよ」っていう人もおるけどね。

ゴンドウもね、ちょっと柔らかすぎるけどね、その肉はよく食べたね。すき焼きなんかにしてね。水でちょっとゆがいて、血を抜く。やっぱり血抜きせんとね、味が落ちますわ。あと、「ミンククジラが一番おいしい」っちゅう話やったんやけど、イワシクジラなんかもおいしいね。刺身で食えたわ。酢醤油でね、塩がちょっと残るくらいのしょっぱさでね、酢とちょっとだけ醤油入れて、つけたったらおいしいですわ。それから自分とこの、庭先とか畑のちかくの菜園っちゅうてね、菜っぱなんかつくったり、芋なんかつくったりして、そこでジャガイモとかニンジン、玉ネギとって、クジラの肉でカレーなんかつくったよ。

引用・参照文献

和泉真澄(二〇一三)「鉄条網なき強制収容所——第二次世界大戦下の日系カナダ人」『立命館言語文化研究』二五(一)、一一九—一三五頁。

岡本寿郎(二〇〇九)「第二次世界大戦後初期のカナダ政府の日系人再渡加支援政策」『アメリカ・カナダ研究』二六、一七—三五頁。

あ〜、腹ラーセンゃ

世古忠子さん

せこ・ただこ さん……一九四二（昭和十七）年、太地町生まれ。曽祖父は明治の刃刺《はざし》冨大夫《とみだゆ》※であり、自身も幼いころから小型捕鯨船に乗って遊び、クジラの解体をそばで見ていた。

※太地では鯨組の役職は世襲であったといわれている。刺水夫《さしがこ》が刃刺（羽差、羽指）に昇進すると、幼名を改めて大夫を名乗った。

聞き手／構成　鈴木佳苗・辛承理

網をつくる人じゃなくて、網を仕分ける

冨大夫《とみだゆ》の家はトミダヤ、要大夫《ようだゆ》の家はヨウダヤ、三大夫《さんだゆ》の家はサンダヤっていうんです。大夫がついたらひとつの船の責任者なんですよ。勢子船《せこぶね》、持双船《もっそうぶね》、網船《あみぶね》、いろいろにわかれた船に「動け」とか、「こうせよ」とか、合図するのが冨大夫なんです。

その冨大夫の孫にあたるのが一三人。いまだったらテレビ取材きますよね、一三人もいたら。だって、お母さんは二年に一度、子どもを産むわけでしょ？　乳離《ちばな》れしたら、つぎの子が生まれるんやからね。父、冨次郎は親に抱っこしてもろたとか、手を繋いでもろたとか一度もないって。

みんな働かあるし、身体が大きいんですね。うちの父は明治生まれやのに一八三センチ。トミダヤの人っていったら大きくて、一三人みんな大きいの。

トミダヤの人じゃなくても、ここでは大きい人に「あんたトミダヤの人みたいや」って、大きい人の代名詞になってたんですよ。むかしは六人、七人、八人って子どもがあったでしょ？「まぁ、ここは子どもが多くてトミダヤみたいやな」って。子どもの数が多いのも代名詞になってたんですよ。

わたしの父は六年間尋常小学校にかよって、そのあと高等科に二年行ってね。それで高等

科二年になったときに祖父が天渡《てんと》*1をもってたから、自分もそれに乗りたくてしょうがない。それで「先生、明日から学校くるのやめるよ」っていって。そしたら先生が「なんでや。トミダヤなら、お前が働かな、困るうちじゃないやろ?」って。「でも先生、もう先生より大きいから、ふうわり」。

「ふうわり」というのは、恥ずかしいってことなんですよね。「ふう悪いもん」っていったら、先生が「なにアホなこというんや」って。

*1 小型船。詳しくは二七二頁を参照。

それ以降、お父《とう》の天渡へ乗ってね。その時代はもう「ズドン」*2(捕鯨砲を撃つジェスチャー)になってたと思うんですね。お父の時代はもう網掛けじゃなくて、「ズドン」になってたので、そいで船酔いで、もう酔って、酔って耐えられなくて、デッキの上で寝転んでたら、祖父がわたしの父親の上を長靴で踏んで向こうへ行ったの。一週間かそんなしたら、もう船酔いがなおってね、みんな通る道ですよ。

*2 ズドンとは捕鯨砲の発射音の擬音。捕鯨砲を動力船の船首に固定させ、鯨類を追尾して捕獲するノルウェー式捕鯨法もしくは近代捕鯨法と呼ばれる捕獲方法が日本に定着したのは二〇世紀初頭のことである。ノルウェー式捕鯨法導入以前、西日本の捕鯨地では網掛けと呼ばれる捕獲法がもちいられていた。網掛突取法とは、従来の銛突きか

ら発展した捕鯨法のことで、クジラに網を掛けてから銛で突くというもの。開発した太地鯨組の宰領和田頼治(のちの太地角右衛門)は、その功により藩主から太地姓を賜った。

それからわたしの父は一五で藁草履《わらぞうり》を履いて、天然真珠の時代やからね、アラフラ海[*3]に行ったんですよ。行って、通常は三年間ポンプまわしする、空気を送る人やね。それを一年で終えて、すぐにダイバーになった。ものすごい重たい鉄のヘルメットを被って潜ってね、真珠貝の水揚げ[*4]。白人のボスの事務所に行ったら、ボスが競争させるように、一番から十番までは名前を書きだして貼ってあったの。だいたい二、三番やったっていうけどね。

＊3　後述する一八七八(明治一一)年に生じた遭難事故「脊美流れ」から十年ほどたつと、海外出稼ぎがさかんになり、熊野の浦々からたくさんの人が北米西海岸や豪州に渡っていった。

＊4　一八七〇年代より、高級ボタン材としてシロチョウガイを中心とする真珠貝採取を目的に日本人がオーストラリア北岸に渡るようになった。アラフラ海のトレス海峡にある木曜島に住む日本人移民には和歌山県の東・西牟婁《むろ》郡出身者が多いとされる。当時の真珠貝採取のダイバーは潜水服、ヘルメット、ブーツ、錘《おもり》などをふくめると、装備は一〇〇キログラムを超えた(村井吉敬・内海愛子・飯笹佐代子『海境を越える人びと――真珠とナマコとアラフラ海』六四–七四頁、一三五頁)。

図1　豪州北西部ブルームにおける戦前の真珠漁業の様子
出所：太地町歴史資料室提供

サメもうろうろしてるから、なにかの拍子にサメにロープ切られてね。「ああ、自分はここで終わるんやな」と思ったときに「ばあさま助けて」っていったって。お父、お母《かあ》っていわなかったって。ばあさま、それは冨大夫の奥さんのこみよさんなんですね。その人に「ばあさま助けて」っていったって。引き揚げるときに水圧[*5]があるから、徐々に徐々に揚げないとあかんでしょ。だから自分が「もうあかん、もがいて早く助かりたい」って思っても、ノロノロ、ノロノロね、その焦りとか。もうここで死ぬんやなって思ったって。

＊5　減圧症（潜水病とも呼ばれる）を防ぐための行動。減圧症とは、ダイビングでの浮上時に、減圧が不十分なために血液中の残留窒素が気泡化することが原因で発症し、関節痛や筋肉痛などさまざまな症状を引きおこす。重症の場合には心肺停止になるなど、落命することも少なくない。

父が豪州へ行くときは杉皮ふき、屋根に杉皮で石をのせた家が多かったんですね。それが、父が二五で豪州から帰ってきたら、わたしの父とその兄と二人が十年間も親元へ送ったお金でね、総二階のでっかい家に建てかわっていたってね。しかも祖父に「お前は世古家から養子にきてくれというから、やったで」って。いまだったら問題になると思うけど、世古家に養子に出されたっていうことなんですよ。世古の家の跡取りの人が亡くなったから、養子にきてといわれて、行ったわけね。こんな話ってないよね。

そこの世古のおじいさんがね、なんで世界の世というかというと。沖に行って勢子船に乗る人は背[*6]（脊）って書くんですね。うちは沖にでないで網を仕切る人だから、それで世界の世にしたんやということです。網をつくる人じゃなくて、網を仕分ける。「こんだけ破れたから、こんだけ買ってこよう」とか、「太田[*7]の奥の田の藁は質がええ」とか。いまみたいにクレモナ[*8]とかはないですからね、自然のもので、棕櫚《シュロ》[*9]を混ぜてつくったのは強いとか。そんなんを買いつけに行ったそうです。

＊6　太地には古式捕鯨に由来する名字が複数存在する（一三二頁参照）。明治になると太地の多くの刃刺たちは苗字として脊古（背古）を採用した。「せこ」は狩人のことで、クジラを追う船は勢子船と呼ばれた。勢子船については一四二頁注6、模型については口絵および三三頁注3を参照のこと。

＊7　太田とは現在の東牟婁郡那智勝浦町の南部を流れる太田川流域にあたる地域を指す。

太田村は一九六〇年に那智勝浦町へ編入合併された（角川日本地名大辞典編纂委員会編『角川日本地名大辞典30　和歌山県』）。

＊8　クレモナは株式会社クラレが商標登録している資材を指す。耐久性が高く、おもにノリ網や農業用資材に使用される。

＊9　棕櫚はヤシ科の植物で、繊維が耐久性に優れていることから、魚具や船具として需要が高かった。和歌山県では明治時代から棕櫚皮を原料とする縄や網を生産するなど、棕櫚産業が盛んであった。

この子ははっさいやで

父はね、兄弟一三人のなかで、わりと大人しくてね、冨大夫の奥さんのこみよさんとも気があって、それでこみよさんが畑手伝ってとかいったら「うん」というてね。わたしの父は優しかった。「うとい」というのは太地でアホという意味なんですね。子どもに「うとい！」とか、「浜行ってゴンドウまいてこい！」とかはいわなかった。

「浜行ってゴンドウまいてこい」というのはね、轆轤《ろくろ》でゴンドウを陸に引きあげたら、老人や子どもでも鯨肉一切れ、もらえるんですよ。でも、それは半人前の人しか行かない。一丁前の人は沖に行く。だから半人前という意味で、「浜行ってゴンドウまいてこい」ってね。「ゴンドウまきに行け！」とか、そんなこと父はひとつもいわなかった。

母親のこともね、叱らないし、子どものことも叱らないしね。だからよその家の子が遊びにきても、「仲良く遊べよー」ていってね。わたし、父親大好き人間でね。いつもついて回ってね。父は対馬へもミンク捕りに行ったりね。ここら辺でもミンク捕ったりね。わたしは三歳くらいだったと思う。漁会《ぎょうかい》*10の向こう側に接岸してある船にね、こんな厚い板で登って行くんですよ。わたしはついて行くからね、横に（わたしを）抱いて、ポンポン渡って行ってね。

＊10 漁業協同組合のことを、太地では「ぎょきょう」ではなく「ぎょうかい」と呼ぶ。漁協（ぎょきょう）の前身が「漁業会」、略して「漁会」であったため。町内唯一のスーパー・太地漁協スーパーも「ぎょうかい」と呼ばれることが多い。

それで、山見《やまみ》ともいうけど、はしごを上がると捕鯨船で潮吹きを見るところがあったんです。操舵室の方から若い衆《し》が声かけてきたから、わたしをデッキに置いて、父親が「どうしたんや」とそっち行ってね。そのときのことはハッキリ覚えているけど、山見のハシゴを登って覗くけど、そこまたげないの。それでグッと覗いてたら、グッと頭から山見の中に落ちとったの。デッキに落ちてたら、いまごろいないよね。そして若い衆が「あそこに子どもの足、二本見える」って。それで「おろしてきてくれ」と。若い衆が登ってきて「ようおろさん」っていって、また父親がきておろしてね。

わたしは「はっさい」*11と、小学三年くらいまで呼ばれたんです。土佐やったら、「はちきん」。

図2　鯨の胡麻和え
出所：太地漁協スーパーにて赤嶺淳撮影〈2016年6月〉

おてんばの女の子のこと、ここらでは「はっさい」というんですよ。「この子ははっさいやで」って。

＊11　はっさいとは、和歌山県、三重県、奈良県を中心とした地域の方言で、おてんばの意味。

マッコウ日和には、胡麻擂《す》って待っとけ

梅雨にはいる前、雨は降らないんだけど、ものすごい重たい曇りの日ね、これを「マッコウ日和《びより》」っていったんですよ。「マッコウ日和には、胡麻擂《す》って待っとけ」ってね。大豆も胡麻も、みな自分の畑でとれたんですよ。だから「胡麻擂っとかな、あかんなあ」ってね。［図2］

畑は芋と麦が中心で、麦のときは、ほかのものはつくれないんやけど。芋のときは、畝をたてて芋の蔓をさすでしょ？　梅雨の雨が頼りなわけ。

蔓が張ってくるまでだいぶ時間かかるんですよ。そのときに、脇へ胡麻をさしたり、大豆をさしたりするんですよ。

芋は戦後すぐのときは供出[12]を畑の大きさにして、それでワラの俵《たわら》、あれを農協のところまで畚《ふご》[13]で担って、俵に芋を詰めてね。それでまずいね、肌色の芋で、ようなるんやけども、まずくてのめてかない、とゆうようなね。

＊12　太平洋戦争の開戦直後、一九四二（昭和一七）年二月に政府は食糧不足を補う目的で食糧管理法を制定し、一九四五（昭和二〇）年には「総合供出制」を打ちだした。同法にもとづき米、麦などの主要農産物は、農家が自家用に消費するものをのぞいて全量を政府が買いあげることになった。芋類、澱粉粕、クズの根、サツマイモの茎葉、桑の葉、ドングリ、各種の海藻などの「未利用可食資源」は、一定量までを米にかわる農産物として「代替供出」が認められていた（岸康彦『食と農の戦後史』七頁）。

＊13　縄や竹、蔓を編んでつくった籠。

その供出の芋を食べた人は、もらうのは嬉しいけど、「まずくて、まずくて」っていうのを聞いた。それでも、出す方も大変ですよ。担って行って、農協のところへもっていって、俵にいっぱいのものをね。女の人が一荷《いっか》[14]担ったって、一〇貫[15]くらいやから。わたしは三歳半で終戦だから、四歳かそんなときは俵の上に座らされてね。盗られたらあかんから。（俵の）口開いたんだから。だから俵の上に座らされてね。母ちゃんがくるまでに、「もう一回行ってくるから、ここに座ってるんやで」って座らされた。

＊14 天秤棒の両端にかけて、ひとりで肩に担えるだけの荷物。成人の場合は六〇キログラムとされた。

＊15 一貫は三・七五キログラム、一〇貫は三七・五キログラム。

麦はね、種を蒔いて、二条にして。芋のようには高くはしないんですよね。芋は畝のなかになるんやから、場所をつくってあげないとね。麦は芽がでてきたらね、子どもの体重がちょうどいいって、麦踏みするんですよね。そしたら茎が丈夫になるってね。それを育てて、今度は麦刈りが梅雨の前、五月下旬ごろで、梅雨《つゆ》にはいらない前にハサにかけて干したのを、千歯こきという鉄の歯がついたのでね、ギュッと。大人でないとなかなかできないよね。

麦の穂は稲の穂とちがって針がツンツンしてね。衣服に着いたら、いまのパーカーみたいなもんじゃなしに、絣《かすり》の木綿やから、そんなかはいったらキツくて、キツくて。痛くてね。わたしの親戚のおばあさんは目にはいってね。それでむかしのことだから、あんまり治療がちゃんとできなくてね。それで片目、潰れてね。麦の穂って痛いですよ。ツンツンしてね。

麦刈りごろには「麦刈りゴンドウ」っていってね、よく捕れたんですよ。麦刈り時期に捕れるのを「麦刈りゴンドウ」っていうんです。

麦は籾をとったら精米屋さんにもっていって。まるまるしたものを潰してもらうんですよ、潰し麦ってね。そしたらそれはご飯に炊けるんですね。お米五合と麦二合か、三合の割合で、中一のときの弁当は麦ご飯[*16]だったんですね。

＊16　太地では水田稲作に適した田地が少なかったため、おもに麦とサツマイモを主食とした食生活がいとなまれてきた。サツマイモ、麦、豆類等の畑地作物が多かった。

ほかの子どもたちもみんなね。サツマイモも入れてたけど、あれはまずいね〜。わたしは芋好きやけど、姉は炊き込んだ芋は大っ嫌いでね。ご飯も食べないんよ、もう。芋の匂いがついてるとかいってね。やっぱりサツマイモは焼き芋にかぎるね。いまはシルクスイートとか、紅はるかとか、甘くて、しっとりしてるけど。だからスーパーでもリンゴよりもサツマイモ一本の方が高いもんね。

ピクニックみたいなもんやよね

クジラっていうのは、どこでもいるっていうのか、この日本列島の海際っていうのは、魚付き林ですよね。わたしの親たち、大人は「魚は山につく」っていって、子どもの時分は「なんで魚が山にくるんやろ」って思ったけど、山があって、そこから滋養《じよう》のある雨水が流れたら、プランクトンがくる、それを食べる小魚がくる。そいでつぎに、小魚を食べるイカとかサバがくる、そしたらゴンドウもそれを食べるっていうね。自然のサイクルはそうなってますよね。

このごろはあまりいわないけど、「山の木を切ったら、警察に連れていかれるぞ」とかいってね。山番って人があって、ときどき見回りにくるんですよ。でも、枯れ木は採ってもいいの。プロパンもなにもない焚き木のかまどの時代でしょ？　だから時化《しけ》て枝が折れたとき、そのつぎの朝は「山行こう」っていって、大人も子どもも。子どもは素早いから「見つけた！」って、枯れ枝を親のところへ運んできてね。自分の雑木山をもってる人はそんなことしないけど、みんながみんな、もってはないからね。そんな時代ですよ。だから魚付き林の中学校のところは、掃いたようにきれいで、もう寝転んでいいような。もう拾って拾って、松葉も掃いて、きれいなもんですよ。

磯の口明け《くちあ》[*17]は、学校が休みやったもんね。磯でとってもいいですよって。解禁日のことを「くちあけ」っていうの。学校も休みでね。

＊17　海藻や貝類の採集を解禁とすることを「口明け」と呼ぶ。

磯に名前があるんです。親がここの磯に行ってるからおいでよって。それで二限やったら四年生以上は、網で編んだ袋を腰に紐でつけて磯へ走って行くんです。「あんぶくろ」っていうんです。網袋がなまったんやろうね。それをつけて、大人はちょっと深いところ行って、四年生くらいだったら陸《おか》の潮だまりにはいってとりました。

平場の岩の方に「ずばた」といって池みたいなものがでてるんです。そこに芝草が生えてね。わたしが四年生のときには、そこへ行って一生懸命とっていたの。おにぎりとかちょっと食べるもん持って行ってね。それでヒジキとかも生でとって、陸にあがったら潮垂れるでしょ。岩場の上に干してね、乾き切ってないんやけど、半生くらいやったら軽いよね。もってくんの。崖道上がるのね。だから、ちょっと広場で広げてね、ちょっと食べるもの持って行ってね。ピクニックみたいなもんやよね。太地の人やったらみんな磯行ってね。テングサ[*18]の口明けのときも広場で干したもんね。

＊18　天草《テングサ》は、寒天やところてんの原料となる海産の紅藻類の総称。

子どもが座る椅子、油でピカピカやで

おつかいは子どもの仕事だったね。「一合、お酢買ってきて」とかね。そんな時代だったんですよね。栓をキュッキュとして、瓶でうけて。お醤油屋のおばあさんは「お醤油、一合売っ

て」っていうと、必ず飴玉をひとつくれたんですね。当時は飴玉なんて貴重だったから、とっても嬉しかった。

子どものころ、煎粕《いりかす》*19は毎日食べつけていたね。ぜいたくでもなんでもないんです。それしかないの。煎粕はクジラの皮の部分ですね。大きな釜で適当に切ったのを炒ったら、油がでてくるでしょ？　その煎粕を乾燥させるんです［図3］。

*19　煎粕は鯨油を採ったあとの鯨の皮のことで、別名コロという。九七頁注3、一七六頁注2、二八一頁を参照。

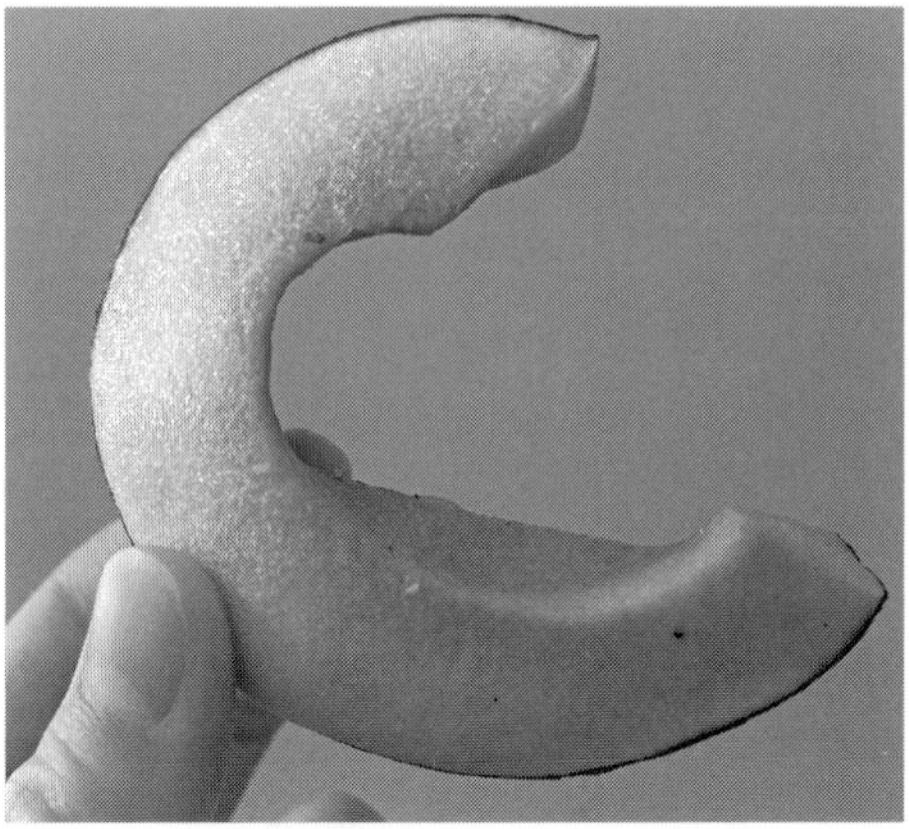

図3　家庭に常備されている煎粕（コロ）
出所：辛承理撮影〈2022年10月〉

すごくかたいでしょ？　カリカリ食べるんじゃなしに、しゃぶるんです。学校から帰ったらね、家の裏のところに網の袋が吊るしてあって、そこにいっぱいはいってるんです。踏み台をもってきて、そこからひとつ、とるんですよ。そしたら、ほら、口寂しくないでしょ？　長持ちするから、ずっとしゃぶってるんですね。ただ、油のもとだから、わたしも経験あるけど、ピュっとでてくるの、油がお尻から。わたしの時代の太地のだいたいの子

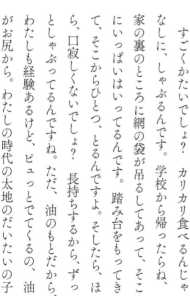

がそうだったから、学校の木の椅子が油でツルツルになってね。先生方が太地へ異動になったらね、「子どもが座る椅子、油でピカピカやで」[20]って。

＊20 鯨油は鬚鯨類からとれた油をナガス油、歯鯨類からとれた油をマッコウ油と呼び、区別される。マッコウ油はワックス（蝋）をふくむ。そのため大量に摂取すると、消化不良が起きたのであろう（赤嶺淳『鯨を生きる』一九九頁）。

油は料理とかに使ってたんですよ。いまみたいにサラダ油やなんやって、なんにもそんなんないでしょ。だからこれを料理に使ったんですよ。その油を大事に、大事にしてね。カナダとかカリフォルニアで住んでいた人が日本にきたら、粉も良くないのに、母親があんこをちょっと入れてね、鯨油で揚げるんですよ。鯨油を料理に使うのは当然のことでした。

あ〜、腹ラーセンや

いまならクジラを食べるといえば、漁協スーパーにも五、六種類売ってますよね［図4］。つくる手順っていうのはいらなくて、お家にもって帰って、その容器をお皿にして酢醤油でも、辛子醬油でも、自分の好きな方法でパッと食べたらいいんやけど。

わたしの覚えているのはそれじゃなくて、自分のおじとかにあたる人が捕ってくると、浜

図4 太地漁協スーパーの鯨肉売り場

出所:赤嶺淳撮影〈2022年10月〉

で解剖刀《かいぼうとう》で身を取って、それで骨と内臓を残してくれるんですね。母親たちがそれを海の水で綺麗に洗って、冨大夫の隠居屋敷にもっていって、ドラム缶を切ったような大きなものに五右衛門風呂の釜を乗せて、薪を放り込んでボンボン燃やして。マッコウの身とかは泡がブクブクでて、もうそこへふたってね。「ふたって」ていうのは、ふきこぼれることです。

ふきこぼれても別に、毎度、使うから、そこを。その時代は土だったんですよね。染み込みますけど、まぁ、とにかくそこへいったら臭くて、臭くて。ゴキブリだらけだしね。慣れてない人だったら逃げると思うわ。それでね、ボンボン燃やしてね。それを五軒の兄弟が切りわけて、分配するんです。

マッコウの胡麻和えが、わたしは一番好きな食べ物やったんですね。マッコウはね、頭は鯨油(脳油)が多いのに、身は脂っ気なし。その身を茹でて茹でてね、柔らかくなったのをね、薄っすくスライスして、それで胡麻ね、胡麻和え。普通だったら一膳とか二膳しかご飯ね、食べないんだけど。三膳飯、そのときはね。お腹がいっぱいになってね、もう動けないよっていってね、そうすると親たちが「浜、行って走ってこい!」ってね。

それでね、お腹がいっぱいになることをね、「あ〜、腹ラーセンや」っていったの。「腹ラーセンや」ってね。そのときはね、満腹のことを「ラーセン」[*21]っていうんやと思ってたんですよ、子どものときはね。そしたらノルウェーの人やね、あの人はね。ラーセンさん。お腹がでっぱってて、だからそれが代名詞になってね。満腹でお腹が大きいよっていうのを「ラーセンや」っていったんですね。

*21 二〇世紀初頭の日本の捕鯨船には多数のノルウェー人砲手が高給で雇われていた。ラーセンは、そうした「お雇い」ノルウェー人砲手のひとりである。

イワシクジラの漬物っていうのは、うちはいつもつくってた。イワシクジラだったら血がでないですね。楕円形の漬物桶に、その肉を置いて、塩をして、あと蓋をピタッとやって、石を乗せて。

塩を買いに行くのは、子どもの仕事でしたね。バケツもって。自分が食べたいときにね、食べるだけ切って、塩抜きして、それで薄くスライスして、それで三杯酢でも二杯酢でも、自分の好みのものにして食べる。うちの母は好きやったから、おいしそうに食べてた。

冨大夫はどう思っただろうかなぁ

太地町の一番好きなとこは風景ですね。やっぱり水平線が毎日のように見えて、魚付き林から上がってくる朝日を見て。妙法山の方へ沈む夕日も見えて。絶景かなって思いますね。毎日見ても飽きない。でも「脊美流れ」[*22]で黒潮にのまれていった百人以上の男たちの犠牲のうえに、太地がクジラで有名になったんですよ。

＊22　明治一一（一八七八）年一二月一四日、子連れのセミクジラを追って沖にでた太地鯨組の船団が遭難し、百名以上が行方不明となった事件。

妙法から強く吹く風のことを「北西《わいた》の風」っていうんです。漁師が一番恐ろしいものといったら「北西の風」って、父親の時代にはいったそうです。

櫓漕ぎやもんね。エンジンなしで。妙法の方から吹きおろしたら、漕いでも、漕いでも、陸にこれない。そのときは休漁《やすみ》ですよ。いまだったら海上保安庁があるし、それで気象衛星がいろいろと送ってくれてあるけど。

あの時代、風の吹きかたを見るのは、わたしは漁師が一番だと思うんですよ。命がかかってるもん。漁の二日目に米と水がなくなったといって取りに戻った船があったんですよ。そのときに角右衛門[*23]が漁を中止する命令をくだしてくれていたらねぇ。

＊23　詳しくは二六六〜二七〇頁を参照。

冨大夫はどう思っただろうかなぁ。わたしはなんとかして知ってもらいたいと思って……。冨大夫の思いをどこかで伝えないとね。たくさんの男たちが流されてね、もう壊滅状態ですよね。その人らの命の代償だと思う、クジラの町としてやっていけるのは。

引用・参照文献

赤嶺淳（二〇一七）『鯨を生きる――鯨人の個人史・鯨食の同時代史』吉川弘文館。

宇仁義和（二〇一五）「ロイ・チャップマン・アンドリュースの鯨類調査と下関――東洋捕鯨の蔚山事業場における捕鯨事業を中心として」『下関鯨類研究室報告』三、一五－二七頁。

角川日本地名大辞典編纂委員会編（一九八五）『角川日本地名大辞典30　和歌山県』角川書店。

岸康彦（一九九六）『食と農の戦後史』日本経済新聞社。

小島孝夫（二〇〇九）『クジラと日本人の物語――沿岸捕鯨再考』東京書店。

佐藤亮一、徳川宗賢編（二〇〇二）『日本方言大辞典』小学館。

日本臨床高気圧酸素・潜水医学会監修（二〇一三）『臨床工学技士のための高気圧酸素治療入門』へるす出版。

浜中栄吉編（一九七九）『太地町史』太地町役場。

マテリアル・データベース編集委員会編（一九八九）『マテリアル・データベース有機材料』日刊工業新聞社。

村井吉敬・内海愛子・飯笹佐代子（二〇一六）『海境を越える人びと――真珠とナマコとアラフラ海』コモンズ。

和歌山県商業教育研究会編（一九九二）『和歌山県の地域産業』和歌山県商業教育研究会。

MSW
MUNSINGWEAR

◉太地をつなぐ①

舌は覚えているからね

久世滋子さん

くせ・しげこ さん……一九五六（昭和三十一）年、太地町生まれ。高校卒業後、大阪で就職したのち、結婚を契機に京都に居住。夫の退職後太地町に戻り、現在はペンションを経営しながら、南紀熊野ジオパークのガイド役として太地に関する情報を発信している。

聞き手 金定潤／構成 金定潤・赤嶺淳

岩門からはいったところ

旧姓は、「小さく割る」で、小割《こわり》。詳しくはわからないんだけど、クジラ関係の仕事だったみたいです。実家は岩門《せきもん》からはいったとこだったし。山冠に石って書いて「岩門」。脊美流れ[*1]のまえとかって、岩門からはいったあたり一帯にクジラ関係のかたが住んでいたんです。わたしが生まれた家も、岩門から百メートルぐらいはいった町のなかにありました［図1、2］。

＊1　一一五頁注22を参照。

向島《むかいじま》[*2]に行くのがちかい位置にあったから。あそこら辺が通用門だったんでしょうね。だから、岩門からはいったところには、筋師《すじし》さんっていうクジラにたずさわる人の名前とか。由谷さんいます。[*3]漁野《りょうの》さんいます。向井さんいます。脊古《せこ》さんいます。あと、遠見さんも。

岩門はあくまでも従業員さんの出入口っていわれていたから。むかしの絵巻とか見ても、岩門と恵比寿神社と飛鳥神社は、かならず描かれていますよね［図3、4、5］。

＊2　向島は一九六一（昭和三六）年に埋め立て工事がはじまり、陸とつながった。古式捕鯨時代に船や道具をつくる大納屋があった同島には、近代捕鯨時代に会社事務所や鯨体処理場が設置された。一九八七（昭和六二）年一二月に日本捕鯨株式会社が廃業し、向島は捕鯨基地としての役割をおえた。

＊3　由谷さんについては、一七六頁の説明を参照。

図1　陸側から海側へ通じる岩門
出所：赤嶺淳撮影〈2016年6月〉

図２ 岩門から陸側を見る
出所：辛承理撮影〈2023年3月〉

図３ 紀州太地浦鯨大漁之図で描かれた岩門
出所：太地町立くじらの博物館所蔵

図4 恵比寿神社
出所：赤嶺淳撮影〈2016年6月〉

図5 飛鳥神社
出所：赤嶺淳撮影〈2022年10月〉

クジラ関係のかたたちは、岩門からはいったところで、そのかたたちの名字もちゃんと残っているっていうのは面白いね。でも、和田さんとか、太地さんとかっていうクジラの元締《もとじめ》＊4のかたたちのお住まいは、ちがうところだったんですね。

＊4 太地では一六〇六（慶長十一）年に和田忠兵衛頼元《よりもと》が鯨組をととのえ、組織的な捕鯨を開始した。頼元の孫の和田角右衛門頼治《よりはる》が鯨を網に絡めて銛で突きとる「網掛突取法」を開発し、ザトウクジラの捕獲に道をひらいた。頼元の子孫たちは鯨組の宰領と同時に太地浦をふくむ全一二か村からなる那智の荘の大庄屋をつとめた（中園成生『日本捕鯨史【概説】』、森田勝昭『鯨と捕鯨の文化史』）。

卵焼きがはいってないんだよ

戦前ですけど、父は若いとき、国鉄に勤めていました。戦争に行きたくないから、国鉄マンになったって聞いたことがあります。国鉄マンだったら、動員されなかったみたい。戦争終わってからも、しばらくは国鉄マンだったんだけど、みなさん南氷洋に行かれるでしょ？誘われて父も行きました。太地って、ほとんどのかたたちが南極に行っているから。大洋だったり、極洋だったり、いろんな船会社があるじゃない。だいたい誰かが、はいってたからね。「乗らないか」っていうので、乗ったんだろうね。

太地のみなさんはキャッチャーボートでしょう？　父は国鉄に勤めてるときにボイラー係、機関士だったのね。だから、船も母船だった。父は写真をよく撮ってましたよ。南極とかで、シロナガスとか、ナガスとかの解剖の写真とかも。そんな写真、パチャパチャ撮ってました。

父が南氷洋からおりたのは、わたし三歳ぐらいだったはず。帰ってきてからは普通の漁師やっていました。あと、造船所で「目立て」ってわかるかな。のこぎりの歯って、こぼれるじゃない？　切るから。それをまた元に戻すっていうのを「目立て」っていうんだけど、目立ての仕事もやっていたの。父が目立てをしてるときに、お弁当を運ばないといけないのが、わたしたち子どもの役目でね。父が弁当をパッと開けると、梅干しとゴンドウの干物とサンマの干物がはいっているの。でも、卵焼きがはいってないんだよね。卵焼きがはいったら豪華なんだけどね。

母は室野っていう姓なんです。室野西太郎の子どもです。西太郎さんは船大工さんで、設計図がひけたんです。むかしの人で設計図をひけた大工さんなんて、珍しかったみたいよ。マグロ船とかサンマ船とか、木船《もくせん》ね。おじいちゃんが設計図を起こしてつくっていました。引退したのが、六〇歳ごろ。木船がなくなって、その造船所が潰れちゃったんだよね。同時におじいちゃんも引退したんだけど。わたしも造船所にはよく遊びに行きました。

エビの足、一本でも折ったら、大変

姉妹《きょうだい》は五人で、わたしが一番下。お姉ちゃんが四人。父と母は仕事していたから、姉たちが家事一般をやってね。洗濯とか掃除とかも。わたしも「あれしなさい、これしなさい」っていわれたら、「はい、します」っていう家庭環境ね。自分のご飯も自分でやっていたよ。お姉ちゃんがどんどんでていったから、中学生になったら、すぐ上のお姉さんだけ。だから、ちゃんと料理はしましたね。自分で食べる分ぐらいは、自分でつくって学校に行く。中学生になるとクラブのある週末は弁当要るから、自分でつくっていました。

ちっちゃいときはエビ網[*5]もしてた。イセエビを捕るんだけど、朝の暗いときに。お父さんは、三時半とかそんな時間にでて網を引きあげてくるので、わたしたちは五時半ごろに起こされるわけ。「手伝いにこい」と。網からエビを外すんだけど、小学生のときは外させてもらえなかった。エビの足、一本でも折ったら、大変だから。売り物になんないからね。姉たちがエビを外したあとの網には海藻とかがいっぱいついているから、それを外すわけ。網を棹にかけて、汚い藻なんかを綺麗にとって。それを一番下のわたしがする。雑用よね。

＊5　イセエビの脱皮と出産の時期をさけるため、和歌山県漁業調整規則は、エビ網漁の漁期について五月一日から九月一七日までを禁漁期と定めている。太地のエビ網組合

（太地海老網組合）は、漁期中に休漁期を設けたり、外磯に行く船はひとりでは行かず、複数人で操業し、プールした利益を等分したりするなど、乱獲や事故を防ぐために細かな自主規則を定めている。

姉たちが就職して家をでていくと、わたしにエビを外す役目が回ってきますよね。中学生ぐらいから、やっとエビを取らせてもらえるようになったんじゃないかな。で、高校生になったら、解放されました。父は人を雇うようになりました。

いま、わたしも頼まれて行くことあるけど、そのときの経験が役に立ってるよね。いまだとね、防寒用のものがいろいろあるけど、その当時ってあんまりなかったので、寒かったね。本当に寒いよ。でも、浜でね、焼き芋焼いたりとかなんかするから、そんなのにつられて行ってたんだと思いますよ。小遣いをもらった記憶はないけど。

うちの父なんかのやってたのは、外磯に行くから合同なんです。ひとつの船にふたりとか三人乗りこんでて、それを仲間でやってるからね。だから、そちらの網に手伝いに行ったりとか。みなさん、おなじ時間帯で終われるように、お互い助けあうっていうの、そういうのはありましたね。わたしとこは家族が多かったので、早く終わったら、となりのを手伝うわけ。一家族が六網でしょ？　三人乗ってたら一八枚あるわけやけど。だから、一八枚の売りあげを三等分するっていう風なわけかたをしてたね［図6］。

図6 エビ網
出所：赤嶺淳撮影〈2022年10月〉

クジラで栄えたのは、この地形が生んだんだよね

高校卒業したあと、就職しました。大阪です。普通の事務です。太地を一回離れて、とりあえず自分で稼ぎたかったね。当時、保育所の先生とか、警察官になれとか、いわれたけどね。とてもではないけど、警察官なんてね、自分に似合わない。自分が法律になっちゃうからね。だからないと思った。保育所の先生も、似合わないなと思ったんだな。だって、ピアノ弾けないといけないでしょ。ピアノ教室なんて行ってないしね。

わたしは大学に行く気がなかったから。とりあえず自分で稼ぎたいと思って。お姉さんたち、みんなそうだから。自分で稼いで自分で使い、自分のものは自分で買いたいと思ったから。だから、自立して働こうと思ったのが一番かな。一九になる年だよね、太地をでたのは。結婚したのが二二歳ですね。大阪に就職したんだけど、主人が京都だから、京都に嫁ぎました。二〇年ぐらい京都にいました。主人が五〇のときかな？　わたしが四四ぐらいに主人が勤めを辞めちゃったから、「太地に帰って、なんかしませんか」って。「ペンションをしましょう」って帰ってきたの。「食べれるかな」なんていうのも考えずに。

帰ってきたら帰ってきたで、結構、いいとこだったね。あんなにでたかったのにね。やっぱりでた方がいいね。若いときは一回はね。じゃないと、自分とこの故郷《ふるさと》のよさはわかんない。

ペンションやりはじめたとき、「なにが太地の売りなのか」って考えたのよ。太地のこと知らなかったっていうのが大きかった。父のルーツとか、仕事とか、おじいちゃんの仕事とかって、全然、興味がなかったもん、高校でたときは。でも帰ってきてクジラの勢子船《せこぶね》*6とかっていう話を博物館のかたから聞いたときに、「おじいちゃんって、すごいんや」って。知りたいなと思って。おじいちゃんのこととか、太地のこととか、歴史のこととか。母も知らないから、自分から知ろうとしました。ペンションのお客さんも聞きたがるから、勉強した方がいいなって。

＊6　古式捕鯨船団に出漁した捕鯨船の一種。銛を打つ羽指（羽差、刃刺などとも表記される）が乗船し、鯨を仕留める船で、追尾の先頭にたつ。

そのひとつがジオパーク*7です。ちょうど講習を受講する機会があったので、歴史とか教えてもらえるのかなと思って行ったら、自分で掘りおこさなければいけなかったんだよね。先生が教えてくれるんじゃなくて、こっちが聞きに行って、自分のネタにしなければいけないっていうのを知りました。

＊7　地球の成り立ちを理解するために地質学的に貴重な遺産として認定するプログラム。二〇一五年、ユネスコ（国連教育科学文化機関）の正規事業となる。二〇二三年五月現在、世界四八か国・一九五か所がユネスコ世界ジオパークとして認定されている。日本からは、洞爺・有珠、アポイ岳（以上北海道）、伊豆半島（静岡県）、糸魚川（新潟県）、

山陰海岸（鳥取県、兵庫県、京都府）、隠岐（島根県）、室戸（高知県）、島原半島／雲仙火山（長崎県）、阿蘇（熊本県）の九か所がユネスコ世界ジオパークに認定されている（「ユネスコ世界ジオパーク」）。太地町をふくむ南紀熊野ジオパーク（和歌山県・奈良県）は、日本ジオパーク委員会によって二〇一四年に認定された。二〇二三年五月現在、日本ジオパークには四六か所が認定されている（「日本のジオパークマップ」）。

クジラで栄えたのは、この地形が生んだんだよね。クジラを捕獲したあと、入江がちかくにある地形であったためで。そういうのを勉強したかな。自分とこのじいちゃんの船大工の話やら、岩門からはいるところにクジラ関係者がたくさんいたとか、名前がクジラ捕りの名前であるとかね。

おじいちゃんのね、室野西太郎さんのね、すごい人だったんだなっていうのは、思いました。家にもいっぱいお船あるでしょう？　おじいちゃんが現役を引退して、お小遣い稼ぎにつくりはじめたのは、一〇分の一の模型なんです。

（太地町立くじらの）博物館の実物大の勢子船もおじいちゃん。あれ、わたしが中学生ぐらいのとき、つくりやったかな。「この人、船大工やめてるはずなのに、なにつくってんだろうな」と思ったけど、いわないんだ、おじいちゃん。知らなかった。で、博物館でしょ？　びっくりしたわ（口絵参照）。

父がエビ網してた船も、おじいちゃんが最後につくった木船。で、その木船は、ほかの人がエビ網で乗ってるって。

クジラしかないんじゃないかな

小さいときって、なに、食べてたんだろうね。だいたい肉屋さんっていうの、太地にはなかったから。肉って食べていたっていう記憶はないんです。クジラしかないんじゃないかな、とは、自分では思ってる。でも、それがクジラだったのか、なんだったのか、ちっちゃかったのでね、あんまり記憶にないけど。

追い込み[*8]のかたからは、よくいただきました。ほとんどゴンドウか、イルカだったんじゃないかな。わたしが大きくなったとき、父は南氷洋行っていなかったでしょ？　でも、南氷洋に行ったかたにクジラとかはもらったもんです。ご近所にいたもん、南氷洋に行ってる人たち。父はイセエビとか、魚をお返ししてたみたい。父が捕ったやつね。

＊8　小型鯨類の追い込み漁は知事許可漁業であり、現在、和歌山県と静岡県で許可され、和歌山県では九月一日から翌年の四月末までが漁期とされている。太地いさな組合は二月末まで集団で操業し、それ以降はそれぞれにカツオ漁（ケンケン漁）などに従事するが、

その際にゴンドウ類を発見した場合には僚船に連絡し、追い込みをおこなうこともある。『令和3年国際漁業資源の現況』によれば、二〇二〇年度（二〇／二一年漁期）の捕獲枠は以下のとおり（括弧内の数字は捕獲頭数と捕獲枠に対する実際の捕獲頭数の割合）。コビレゴンドウ一〇一（一四、一三・九％）、スジイルカ四五〇（三七三、八二・九％）、ハンドウイルカ二九八（一三五、四五・三％）、ハナゴンドウ二五一（一六七、六六・五％）、マダライルカ二八〇（七六、二七・一％）、オキゴンドウ七〇（〇、〇％）、カマイルカ一〇〇（一五、一五％）、シワハイルカ二〇（〇、〇％）、カズハゴンドウ三〇〇（二三〇、七六・七％）。このように鯨種によって、捕獲割合に対する捕獲実績が大きく異なる。

いまも自分のためにクジラは買いません。買うのはお客さんのためです。追い込みに知りあいがいるから、そのかたからのおすそわけもあります。

追い込みのかたたちは大漁祈願として、御神酒をいただくんです。それをいただくぐらい親しい人たちには、漁してきたら絶対お渡しするものなんです。で、もらった量が多かったら、そこから回ってくることもあるし。でも、加工屋さんのお友達がいるっていうのが一番大きいわね。

大量に食べたい方ではないけど、やっぱり旬、その時期には食べたいね。捕れたての、初漁のときとか。でも、毎日食べるものでもないし、頂戴したもので十分なのよ。

太地から離れていたときは、母がクジラを送ってくれました。もらったやつを貯めといたんでしょうね。あと、お正月に帰省したときは、ゴンドウの尾の身とか京都にもって帰りました。その当時って、結構ゴンドウが揚がっていたしね。コビレゴンドウね。ご近所さんとかからもらってました。で、京都でも主人の姉妹に刺身をだすと、とても喜んで食べてましたよ。

でも、京都の人って、太地なんて知らなかったんじゃないかな。那智勝浦町だと「那智の滝」でわかるけど、その隣町です。「あ、クジラが捕れます」っていっても、「はー」で終わるよね、きっと。「太地＝クジラ」ってわかるのって、『ザ・コーヴ』[*9]からじゃない？

＊9　太地町におけるイルカ追い込み漁を主題とし、二〇〇九年にルイ・シホヨス（Louie Psihoyos）監督が制作したドキュメンタリー映画。同年、米国のアカデミー賞長編ドキュメンタリー映画賞を受賞した。

イルカは鮮度が命

料理は基本、子どものとき、お姉ちゃんたちがつくっているのを見て、自然と身についた感じだね。お魚のさばきかたなんか、姉たちがさばくのを見て、こういう形にさばけばいいんだとか思ったり。だから、わたしのお手本は母であり、お姉ちゃんたちであり、というのはあるかもしれないね。

京都に行って、太地を二〇年くらい離れていたから、そんなに魚を触ってないでしょ。こっちきてからお魚を触りはじめたときに「数をこなすしかない」といわれたの、魚をさばくのは。やってもらってばかりだと、全然、進まないからね。だから、骨にいっぱい身がついててもいいから、さばいたら、さばけてくるよって。

味付けは、自分流っていうほどもないけど、ちょっと京都風になってるかもね。太地の料理って、味が濃いんです。だから、わたしのは姉たちにくらべれば薄味です。

クジラって、そんなにいうほどの料理じゃないでしょ？　基本、生で食べるか、湯がくかっていう。そんなにたくさんのレパートリーはなかったと思うよ。料理は、まず刺身だろうね。あと、オバキ[10]ね。白い、プリプリしたやつ。あれはね、生を塩漬けでもらうから、湯がいて食べるのね。

＊10　鯨類の尾の部位で、骨はなく、脂肪とゼラチン質が豊富。オバ、オバイケ、オバケなどと呼ぶ地域もある。薄くスライスしてから湯がいて食べる。

むかしはよく、イルカの手羽《テッパ》[11]をもらってきて、父が削いで、千切りにして、おやつにしてた。皮の黒いとこと、ちょっと脂肪の部分とコリコリ、コリコリするんだわ、あれ。で、醤油つけて食べる。わたしらが喜ぶから削ってくれたみたいだけど、「硬いから、力がいるんや」って

図7 スジイルカの腹肉（ハラボ）の刺身
出所：赤嶺淳撮影〈2011年3月〉

いってたらしいよ。姉がいうには。

＊11 鯨類の胸鰭。タッパとも呼ばれる。

父は生よりゴンドウの干物が好きで、弁当もだけど、毎日でも食べてたね。姉たちもわたしもゴンドウが好き。イルカは鮮度が命だから、捕りたてがおいしいのよ。今日あがったら明日、明後日くらいまでがおいしくて。冷凍しちゃうと、そんなにおいしくないもんね。

ゴンドウは捕りたてじゃなくても、しばらく経っても大丈夫。だから、料理にしても向いてるのがちがう。

イルカは白い部分と赤い部分と引っつけて炊いた感じがおいしいよね。でも、クジラには白いところないでしょ？　イルカはすき焼きにしたらおいしいけど、クジラはすき焼きにしてもそんなにおいしいと思わないよ。あと、クジラは焼肉みたいに甘いタレとかで焼いたりして食べるとおいしいけど、イルカはそんな風に食べてもおいしくないんじゃないかな[図7]。

追い込み漁やってるかたたちには、イルカやクジラのおいしい食べかたを教わったりしましたね。追い込み漁やってるかたたちは、よく知っているよ。「こんな風に食べた方がおいしいぞ」とか。クジラを捕ってきたときね、一番はじめに尾の身を食べるんだって。湯気がでているんかな? で、醤油にニンニクの粗く切ったやつを入れて尾の身をちょっとつけて、スーパーのおにぎりなんかをかじりながら食べるのが、一番おいしいんだって。

追い込みのかたって、ゴンドウの干物もつくったりしてて。お上手よ、塩加減。アバ肉を[*12]「ボイルしてポン酢で食べたらおいしいぉ」って教そわったわ。

＊12 太地では骨はぎ肉をさす(詳しくは一六七頁注5を参照)。なお、日新丸船団では、横隔膜をアバと呼び、捕鯨船では、「鯨の大和煮にアバは必須」とされている。

ああいうのは子どものころ、うちの母では絶対ありえなかったね。母はいわゆる家庭料理で、あんまり変わったものは食べなかったよ。やっぱ若い人はよく考えるよね。よそで食べてきたら、「こういう食べかたもできる」みたいにいろんなアイディアが浮かんでくるのよね。

クジラの伝承っていうのは、あまり考えてない

クジラの伝承っていうのは、あまり考えてない。クジラでどうのって、わたしのなかにはなくって。ただ、おうちでできるお味噌とか、寿司とか、そんなのを忘れないでつくってくれたらいいのになって思うよ。

家庭の味だからね。太地では、お赤飯炊いたり、おまぜ[*13]をつくったり、海苔巻きをつくったり、サンマの寿司つくったりとかって、よくそういうことするわよね。でも、サンマの寿司だけは、姉がつくるのが上等においしいから、「頂戴」ってなるんだけどね。

*13　一七〇頁注8を参照。

とくに、いま継承していってほしいなと思っているのは、お味噌。つくっているかた、だんだん少なくなってきているから。味噌は、わたしが二〇〇〇(平成一二)年に京都から太地に帰ってきてから毎年つくってて、それまでは母と姉たちがつくってくれてたのを京都に送ってきてもらってたの。こっちに帰ってきて母が大変そうやから手伝いはじめて、自立したのは五、六年してからです。

わたしのお味噌のファンって、結構いるんだよね。だから、お味噌をつくる時期になると、

一大イベントなんです。すごい量つくるから。三重県の人とか、白浜のかたとか、お友達もつくりにきて。

自分の食べるものだけもって帰るんだけど、「ここの味噌を食べはじめると、店のが食べれないんだわ」とかっていっていただける。あと、主人、京都でしょ？　京都も味噌が有名なんだけど、うちの甥っ子たちは、うちの味噌が好きなんだって。東京にも甥っ子がいるんだけど、その甥っ子たちも味噌はわたしのっていうか、太地の味噌が好きだから、わたしだったり、姉だったりが味噌を送っている。

麦味噌っちゅうのかな？　むかし、太地の畑って、麦と大豆しかとれなかったわけでしょ。いまは米もはいってるけど、むかしは、米ははいってなかったはずだよ。やっぱりお米がはいる方が、お味噌がね、まろやかになっておいしいんだわ。麦だけだと、ちょっと甘さが足りないっていうのかな。でも、麦味噌だけでつくってるかたも、いらっしゃるけどね。

大豆と麦と麹菌と塩は太地のお米屋さんが揃えてくれる。米は三重県のを使っているかな。いい米が安く手にはいるから。うちの味噌は、米がちょっと多いし、塩も少なめかもしれないね。

味噌をつくるのは、六月の末ぐらいから七月の初めぐらいかな。暑いときの方が、麹に花が咲きやすいから。麹菌を米と麦につけるわけだけど、発酵させるのに、暖かいときの方がいいんだよね。

一回で約三斗（四十五キログラム）を、六回ぐらいつくっています。それで、八月のお盆にあげる。初盆のときに仏さんにあげるの。新味噌をつくったときに間にあわさないといけないので。八月の一一日か一二日ぐらいまでに一番はじめの味噌は食べれるようにしている。

つくった味噌は冷蔵庫の野菜室に入れてる。味噌って寝かせとけば、味も変わってくるよね。むかしは納屋とかに置いてて、味噌が発酵してくるから、味が濃くなっていたけど、冷蔵庫のおかげで、発酵が遅くなるんだと思う。けど母はね、どんどん味噌の味が変わってくるのが好きだったのか、あんまり入れてなかったよ。甥っ子たちは冷凍室に入れてるって。冷凍しても固まらないし、野菜室より発酵がうんと遅いから。

でも、わたしは冷凍庫にはいる余裕がないし、発酵してきて味が進んでる感じも好きだから、冷蔵庫で満足してるかな。わたしたちが「味噌、冷蔵庫入れといたら、発酵しないからずっとおいしいままで食べれるで」っていうたら、母も「そうか」って、冷蔵庫入れてた。

ほかにイルカやゴンドウのレシピとかは、継承とか、考えたことない。食べた人が「おいしいな」って思ったら、うけ継いでいくんじゃない？　舌は覚えているからね。

引用・参照文献

水産庁・国立研究開発法人水産研究・教育機構編（二〇二二）『令和3年度国際漁業資源の現況』、国立研究開発法人水産研究・教育機構〈https://kokushi.fra.go.jp/index-2.html〉。

中園成生（二〇一九）『日本捕鯨史【概説】』古小烏舎。

日本ジオパークネットワーク（二〇二二）「日本のジオパークマップ」〈https://geopark.jp/geopark/〉。

森田勝昭（一九九四）『鯨と捕鯨の文化史』名古屋大学出版会。

文部科学省（公開年不詳）「ユネスコ世界ジオパーク」〈https://www.mext.go.jp/unesco/005/004.htm〉

◉太地をつなぐ②

慣れ、慣れ、慣れ。

小畑美由紀さん

こばた・みゆき さん……一九六九（昭和四四）年、新潟県生まれ。横浜に転勤後、夫である充規さんの実家がある太地に移住した。夫は太地いさな組合に所属する漁師で、三人娘の母。二〇一一（平成二三）年にNHKが制作したドキュメンタリー番組『クジラと生きる』と『鯨の町に生きる』に家族で出演した。

聞き手／構成　砂塚翔太・大宮千和

都会があわなかったんかな

子ども三人いるんですけど、ふたりめが生まれたときは横浜にいたんです。もともと新潟で、転勤で横浜に行ったんですけど、そのときふたりめが生まれて。ふたりめの子どもが、ちょっと体調崩すっていうかな、入院したりとか、大変な時期があって。主人は結構、帰りも遅かったんで、わたしひとりでふたりみるような感じでした。わたしもちょっと精神的にまいってて、そのときに「実家に戻って、漁師になりたいんだ」っていう話から、こっちへ戻ってくることになったんです。

結婚したときも、主人のお父さんはクジラの商売してました。クジラ漁っていうよりも、そのお父さんって、クジラだけじゃなくって、ほんとの漁師さんだったんですよ。道具から全部、自分でつくるし、すっごいかっこいい人だったんです、わたしが見ても。で、主人も「そんなふうになりたい」っていってて。結婚して四年めぐらいだったかな、こっちへくることになったのは。「一回しかない人生だし、自分のしたいことをしたい」っていったんで、「しかたないかな」っていう感じで。

結婚するときには「漁師になる気はあるのか、ないのか」をうちの実家の方でも、訊いたことあったんですよ。「全然、そんな気はない」っていってたんだけど。うちの実家の母親から

「漁師って、なかなか結婚しにくいから、一旦サラリーマンになって働いて、結婚してから戻ってくるっていうのをテレビでやってたけど、お前大丈夫か」っていわれて。「そんなことないだろう」って思ってたけど、そんときは。いろんなことが重なって、戻ってくることになったんです。やっぱりわたし自身も都会があわなかったんかな。

太地のかたって結束が強い

太地はもともとすごい好きでした。ただ、(新潟の)実家に帰るのが、かなり遠いなっていうくらいで。うちの(義理の)お父さんとお母さんは、もう亡くなっちゃったんですけど、ふたりともすっごい、いいかただったんです。上の子も、こっちにくるときに四歳くらいだったんですけどね、喘息気味だったんですよ。それが、こっちにきた途端になおりました。不思議なんですけどね。だから、景色、気候もいいし、環境がいいので、太地はいまでも好きです。

地域になじむのには時間がかかりますね。いまでも、もしかしたら、なじんでいないのかも。やっぱり太地のかたって結束が強いので、なかなかそのなかにはいってくっていうのは難しいかもしれんですね。なにするんでも、もともと太地の人は声かけあって一緒にやってますね。でも、あんまり気にしない方なので、大丈夫でしたけど。

いまは生まれも育ちも太地っていう人は、減ってきてると思うんで。だからって住みにくいとかではないですけどね。なかなかわたしもマイペースなもんで、あんまり人に左右されたりとか、ないからかもしれないですけど、大丈夫でした。一般的だけど、住めば都って感じかな。もう、慣れ、慣れ、慣れ。

心配してもしかたない

収入面ではかなり心配しました。実際、大変でしたし。不安ですね、お金のことは。不安でしたけど途中から、お金の方は主人が全部請け負ってくれたので。大蔵大臣は夫なので、「お小遣い、頂戴」っていう身分になって、わたしはいま、実際いくら水揚げがあって、どういうものかっていうのは、全然わからないんです。

最初は本当に収入がないじゃないですか、ないときは。どうしようかなっていうのはありましたね。それで、わたしもちょっとくらいアルバイトしようかなっていうので、空いた時間でアルバイトしだしました。子どもがちっちゃいときに、子どもが幼稚園とか行ってるあいだになにかバイトないかなって、探したんですけど、なくってあんまり。それで、ヘルパーの仕事を最初、一日二時間とか三時間とかやりだして、職種はちょっと変わったんですけど、いまでもおなじ会社におります。

（主人は）見習いから。まったく見習いから。だから最初は、たしか、給料とかなかったと思う。新しい人は仕事できないでしょ？　徐々に変えてったと思うけど、うちの主人は最初、お金もらってなかったと思う。それはね、見習いだし、ふたり乗るところに三人で乗ったわけだから。見習いを、どれくらいやったんだったかな。一年くらいは見習いだったのかな？　一年っていっても漁期は半年だけど。それ以外はお父さんに連れてってもらって。それこそ、ケンケン漁。[*1]

＊1　カツオを漁獲する曳縄漁業の一種。七六頁注10を参照。

漁師になりたてのときに、そのカツオを釣りに、結構、沖まで行ったんです。普通の携帯電話はつながらないところまで行ったんだけど、衛星電話、積んでたんで、連絡はつくはずだったのにつかなかったときがあって。そのときはすごい心配して、知りあいの、うちの主人とちかくの船の人に連絡して、無線でのやりとりは遠くてもできるんで、生きてること、わかったんです。そのときに、心配してもしかたないから、もうやめようと思って、心配は、まあ心配ですけど、してないことにしてます。

サラリーマンでいるときよりも家族の時間はいっぱいとれました。長期で漁に出かけるときはいませんけど、たとえば、追い込みの時期だったら、漁がなかったら昼までには帰ってくるので、そっからずっと家にいるんで、子どもたちとは、すごい一緒におりましたね。遠くに行かないときは帰りは早いので、夕飯は一緒に食べれたりして。それはサラリーマン辞めてよかったことだと思いますけどね。

イルカ？　イルカ？

びっくりしません？　イルカ食べるとかって。わたし、最初すっごいびっくりしましたよ。二度聞きしたもん。「イルカ？　イルカ？」って。最初は冗談でいってると思っちゃった。もうそんとき、なんも誰にもいえないし。「イルカ、食べるのかぁ」と思ったけど。ご飯食べるときに、なんか刺身だなと思って。ゴンドウじゃないみたいだけど、なんか白いところいっぱいあって、「なに？」って訊いたら、「イルカ」っていわれて。でも、ひとりだけ食べないわけにいかないでしょ？　それだけ覚えてる。食べたんだったかな？　食べたんだろうなあ。

最初は抵抗ありましたよ。だってイルカって、水族館でしか見たことなくて。そのときちょうど塊も、台所のところに置いてあって。白と黒のところ？　びっくりしたけど、でも絶対いえないもんね。「イルカ食べるの？」なんて。クジラは「食べるぞ」っていう意気込みできたから食べれるけど、イルカっていわれたときに、「あ、イルカも食べるんだ」と思って。

でも実際に食べてみて、覚えてないんですけど、おいしいと思ったんですよね。ほんとはもっときれいに薄さも一番適当にして、真空パックかなんかにして売ったら、あれ万人向きだと思うんですけどね。そんなにクセってないと思うけど、生だったら。炊いたらやっぱり匂いもするし、甘い感じがします。

子どもはちっちゃいときから食べてたから、なんとも思ってないみたい。かわいいとも思うし、食べるんだね。なんか、不思議なことに、そこは矛盾しないと思う。新潟って、ウサギとか食べるでしょ？ それはこっちにきてあんまりいえない。みんな、「食べたことない」っていうから。

町全体がピリピリしてる

わたし、反捕鯨の映画、[*2]見てないんですよ。テレビで流れるちょっとしたシーンは見たことあるんですけど、それ以外は見たことなくって。わたし自身は、(クジラを)食べる。反捕鯨の映画のせいで食べないとか、そんなんは、ないんです。ただ、なんていうんかな、その人の食べてきたものに対してそうやっていうっていうのに、びっくりしました。

＊2　ここで言及されているのは、二〇〇九年にルイ・シホヨス（Louie Psihoyos）監督が制作したドキュメンタリー映画『ザ・コーヴ』を指す。一四六頁注9を参照のこと。

その映画が流行って、影響をもってたときは、太地の町全体がピリピリしてるのを感じました。それに、うちの主人は楽天家なんですけど、そのときはため息をついてたことが多かったように思います。

だからって、家でなにかいうってことは、そんなになかったですけど。反捕鯨団体の人が船のちかくまできて、よくわからない英語をいっぱいいわれて、なにか一言いったら、それがまたなにかで流されるみたいな感じやったみたいで、仕事も大変やったみたいです。

いまはもうほんとにそういう絡みは減ったと思いますよ。やっぱり、みなさんのね、町民のみなさんとかの協力もありますし、一番大きかったのは(海上)保安庁や、警察のかたが動いてくれてることです。それで、安心して仕事できてると思います。

反捕鯨団体の力が強かったときは、子どもへの声掛けもあって、そこだけは一番いやでした。自分たちは、こんな仕事もしてるし、しかたないなと思ったけど、「うちの子どもたちとか、ほかの小学生とかになにかしたらどうしよう」っていうのは、すごいありました。それだけはもうほんとにいやでしたね。うちの子どもたち自身もいやだったっていうのは、あとで聞きましたけどね。それはまあ親としてというか、このような商売してて、ほかの子どもたちもそうですけど、申し訳ないです。

文化とか、誇りっていうようなものは、もちろん誰でももってるものだし、それは当たり前だと思うんですけど、だからといって、ほかの人に迷惑というか、いやな思いをさせていいかっていったら、それはわたし個人的にはどうかなって思うんです。ただ、うちの主人は仕事の真っただなかにいるので、わたしがなにか、よそに向かって、なにかいうことはあんましないんですけどね。

クジラに想いをおいてる

テレビは、[*3]最初はやっぱり、わたしとしてはものすごい信用してなくって、いろんないいこといわれたって、最後どう流されるかっていうのがあったんです、最初は。うちの主人もそうだったと思うんですけど。でも、取材の期間が長かったんですよ。ものすごい長くって、そうなるとやっぱり人と人との関係になってきてて、何回も、何回も話して、ご飯も一緒に食べるなかで、その人たちが視聴者になにを伝えたいかっていうのがわかってきたんです、だんだんと。そこからちょっと変わってきましたね。

＊3　ＮＨＫが制作した『クジラと生きる』（二〇一一年年五月二二日放送）と『鯨の町に生きる』（二〇一一年七月二四日放送）のふたつの番組。

そのときのディレクターのかたは、いまでもつきあいがあって、こないだも「子どもの成人式の写真、撮ったんや」っていって送ってくれたりとか。このクジラのいろんなトラブルがあって、いやな思いもしましたけど、その分、つながりっていうかな、それがなかったらつながれなかった人たちとつながれたっていうのは、わたしにとっても、うちの子どもたちにとってもプラスになったんじゃないんかなと思います。ものの見方とかもそうですけど、その経験っていうのは、生きてるんとちがうかなって感じますけどね。

放送後は、(視聴者のかたから)お手紙たくさんいただきましたよ。批判的なこともありますけど、「頑張って」っていうお手紙の方が多くって、びっくりしました。それで、あの番組があってから警察さんがきてくれたりとか、保安庁の方が動いてくれたりしたんで。すごいなと思った、メディアって。

でも、わたしとしたら、まわりの人にどう思われるかっていうのが一番重要で。遠くの人にいくら「よかったね」っていわれるよりも、町民のかたにどう思われるかなっていうかな、迷惑してるのは住民のかたですからね。そこがどう思われるかっていうのは、一番気にしてたんですけど、そこも、わたしの知ってるかぎりはなくて、温かい町やなと思いましたね。ほんと太地のかたは、クジラになんか想いをおいてるんかもしれんですね。

水銀の量が多かった

九～十年前に水銀[*4]が話題になったけど、あのときは、わたしも検査したし、子どもたちも全員髪の毛かなんかで検査して、すごい水銀の量が多かった。びっくりするくらい。

気にする人は気にしたかもしれないけど、お年寄りも高かったって聞いたけど、でもピンピンしてるから。わたしはこわいかなとかって思わんかったですね。太地の人にずっと水銀が蓄積されてて、具合が悪い人が多かったら、これはえらいことってなるけど、全然ピンピンしてる人ばっかりだったからね。うちはそれで変わるとか、なかった。でも変わった人もいたかもしれないね。

＊4　自然界に存在する微量のメチル水銀が生物濃縮によってクジラに蓄積されているため、太地町民の水銀濃度は平均の四倍であることが判明し、健康被害の有無が問題となった。国立水俣病研究センターによる調査の結果、成人および胎児、小児のいずれにおいてもあきらかな健康影響は認められなかった。

生が一番おいしい

いまは家では、クジラは、うちの主人がそんなに食べないので、もってこないんですけど、娘たちはみんな好きなので、あれば食べます。あとは、カツオ、マグロ、あとカツオを釣りに行ったときに釣れるシイラっていう魚も食べます。

クジラは、わたしは生が一番おいしいと思います。食べさせかただと思いますけど、生が一番食べやすいし、おいしい。ミンクとかクセがないクジラは、太地の人は「味がしない」って思っちゃって、ゴンドウみたいなクセが強い方が好きみたいですね。味がないっていうか、醤油つけるでしょ？　ゴンドウって醤油つけなくても味があるけど、ミンクって醤油つけないと、食べられない感じがする。おいしいミンクを食べたことがないからかもしれないですけど。主人は、「おっきいゴンドウがおいしい」って、いってました。脂肪が多くなるから。全然ちがうらしいですよ、大きさによって。それと、捕れる場所にもよるのかな。

あと、うちの主人はゴンドウは生ですけど、イルカだったら、すき焼きみたいに砂糖とお醤油で炊いた方が好きっていってます。わたしは、イルカも生

図1　ハリハリ鍋

ハリハリ鍋には水菜（京菜）が不可欠。

出所：徳家（大阪市）にて赤嶺淳撮影〈2019年5月〉

のほうが絶対においしいと思うんですけど。一番下の子は骨はぎ[*5]とか、うでもの[*6]とかが好きですね。長女は、「今日、ハリハリ鍋[*7]が食べたい」っていってました〔図1〕。

＊5　骨はぎは、クジラの骨についた肉を骨ごとボイルし、ゆであがると同時に肉をそぎ、塩水にさっととおしたもの。太地ではアバとも呼ぶ（一四九頁注12参照）。
＊6　うでもの（茹でもの）は、クジラの内臓をボイルしたもののこと。一八三〜一八四頁を参照。
＊7　ハリハリ鍋とは、関西を発祥とする水菜の鍋のこと。おもに鯨肉とともに炊かれる。水菜を食べるときのハリハリという音から名前がついたといわれている。

子どもたちは、盆とかに帰ってくると、やっぱりクジラが食べたいとか話します。外でクジラが食べたくなったときは、埼玉に住んでる上の子は居酒屋とかでベーコン頼むっていってました。真んなかの大阪に住んでる子は、「食べたけど、おいしくなかったから、もう食べない」っていってた。クジラだけじゃなくて魚も。でも、子どもたちにクジラは送らない。食べたかったら帰ってこいよっていってますね。

もらって食べる

クジラは、追い込みして捕ったときに、「おかず」っていって、みんなでわけるみたい。多分、太地のかたって、買うっていうよりも、もらって食べるってことが普通やったんじゃないですかね。

うちは、ゴンドウクジラは太地の人が大好きなんで、ちょっと多めにおかずにして、近所に配ったり、知りあいに配ったりします。だいたい隣組とか親戚とかに。うちだったら、どれくらいかなぁ、一五から二〇軒くらい？　うちは少ない方だと思いますよ。エビ網してるかただったら、エビをくれたりするので、「じゃあ、クジラと交換」とか。山の人たちにもクジラをもっていって、それでハチミツとかもらったりしますよ。そんな感じで物々交換です。クジラが捕れた日は、その日のうちにほかのクジラの関係の人もみんな配るから、もらう人は結構な量もらうんじゃないかな。

漁期の前に、知人がクジラ漁の景気づけに御神酒《おみき》をくれるんですよ。それか、御神酒代わりって、いまはお酒じゃなくてコーヒーとか、船積んでとかっていって、お茶とか、くれたりします。九月からはじまるんだったら、八月中のいい日、大安とかそんなときにもってきてくれますね。それで、御神酒をくれた人には、当然おかずをもっていきます。

クジラはね、ちっちゃくして配ります。それもなんか、いい場所とか、悪い場所とかあるから、すごい困ってますけどね、配るときに。みんなにいいところ食べてほしいし。あんまりいいところが当たらなかったときは、干物とかつくるみたいで、「干物用に」ってあげたりしてます。でもそれも干物のつくりかたがわかる人にしかあげられないですね。

ならっといたらよかったな

わたし、実はクジラの調理はできないんです。クジラの内臓とかの調理って、結構、大変なんですよ。ゆでる前に、きれいに掃除っていうんかな、洗ったりしないと、匂いが残ったりとか、苦かったりとか、食べにくいみたいで、そうしてから長時間ゆでるんですよね。

うちのね、旦那もね、クジラの料理は、いまは旦那が担当ですけど、あんまりできなくって。でも、亡くなったお父さんがすごい得意で、家の庭におっきな手づくりの釜があって、その釜で何時間もゆでる。それがすごくおいしかったんです。

うちの子たちはおじいちゃんとこで育ったようなものなので、ゆでてるときにおじいちゃんの隣で見てるわけですよ。腸のとこは普通切って食べるんですけど、切らずにそのまま食べてたりしましたよ。最初ちょっとわたしもね、衝撃的で。なにをモグモグしてるんだろうって思ったら、腸だった[図2]。

わたしも、クジラの料理とか加工とかに挑戦してみたい気持ちはあります。やっぱり、おいしいから。おいしい食べかたっていうのをちゃんとならっといたらよかったなと思って。おいしい食べかた、お刺身だけじゃなくって、胡麻和えにしたりね。うちのおばあちゃんはすごい料理も上手で、してくれてたんだけど、いただくばっかりで、したことなかったから、覚えてなくて、いまは食べられないんです。

最近もちょうど、おまぜ[*8]を食べたくなって、誰に聞けばいいんだろうって夫と話をしていて、知ってるおばあちゃんに聞きにいこうかっていってました。ちょっと前まではお葬式とかがあると、おまぜっていうのを配ってくれたりしたんです。でもいまはお葬式のやりかたも変わってきて、そういうものがなくなって、ほんとに地域の人がつくったものを食べる機会が減ってきました。

＊8　太地で冠婚葬祭の際に食べる混ぜご飯のこと。

生まれ育ったところは特別

お祭りとかでも、クジラについて扱うお祭りとかあったりするんですよね。ザクロ[*9]とか食べる。あれはクジラをまねてるんだよね［図3］。

＊9　毎年一〇月におこなわれる飛鳥神社の宵宮祭における直会で、参加した役員が酒を飲む際、皿の上に赤いザクロと鯨の皮を置き、糸を通した竹の管で囲む。古式捕鯨を模しているといわれている。

町全体にクジラを大事にする、そういう雰囲気があるんです。いまは消えつつあるのかもしれないですけど。海と触れあう子どもたちが減ってきているように思いますからね。クジラ文化のことは学校の授業でするんでしょうけど、それと別に海に行かない子どもたちが多くなってるように思ってね。磯を知らないとか、海水浴場でしか泳いだことないとかって聞きますね。うちの子どもが小学校のときだったかな？　そんなときなんかは、学校

図2　ザトウクジラの百尋（小腸）

ザトウクジラの小腸は、もっとも襞が詰まっているとされる。そのため、定置網で混獲されたザトウクジラからとれる百尋は需要が高い。百尋については184頁を参照。
出所：徳家（大阪市）にて赤嶺淳撮影〈2015年12月〉

図3　宵宮祭のザクロ

出所：久世滋子氏撮影〈2021年10月〉

でヒジキ刈りの授業があったりしたみたい。いいと思いません？　みんなで行くっていうの。でも、もうしばらくやってないんじゃないかな。

うちの子どもたちは磯が大好きで、帰ってきたら磯へ行って、ちっちゃい貝拾ったりするんですけど、いまの子どもたちやってるのかなと思って。そういうのが少ないと、わざわざ太地に帰ってきたいと思うのかな、とか思います。一回でていくと、なかなか帰ってこないもんね、子どもたち。ほんとに少子化。少子化っていうか、太地の人口自体も減ってきてるんだと思うけどね。

太地は観光の町ですけど、いろんな所からいろんな人に太地にきて、太地を知ってほしいと思う。でも、わたしの知ってる人たちは、よそから人がくるよりも、もともとの太地の子に帰ってきてほしいっていう気持ちが強いなと感じます。

生まれ育ったところは特別だしね。多分ね、年とったら、わたしくらいになったら、帰りたいと思うよ。絶対に。なんでそう思うかっていうと、わたしも新潟に帰りたいという気持ちがあるから。一生、太地に住んで暮らしていくというよりは、子どもたちもみんなでてっちゃったし、わたしの両親も新潟にいるし、友達も新潟にいるし、行ったりきたりできたらいいかなと思ってます。

一番下の子は帰ってきたいと思ってると思うんですけど、二番目と長女は仕事がないからっていうので、帰ってこれなかったんです。でもそこはわたしもね、育てかたを失敗したなと思って。やっぱり帰ってきたいと思ってもらわないと、就職するときに候補にもあがらないでしょ？　そこは大失敗だったなと思って。いまって、いろんな働きかたができるじゃないですか。場所を選ばないっていうか。もしこっち、ここへ帰ってきたいと思ったら、そういうスキルを身につけて、帰ってきて、ここで仕事をするとか。自分で起業するとかね。やっぱり自分の生まれ育ったところっていうのは特別だから、帰ってきてほしいですね。

引用・参照文献

一般社団法人すさみ町観光協会（公開年不詳）『すさみケンケン鰹』〈https://susami-kanko.com/kenkenkatuo/〉

国立水俣病総合研究センター（二〇〇九）「太地町における水銀と住民の健康影響に関する調査」、厚生労働省〈https://www.mhlw.go.jp/shingi/2010/05/dl/s0518-8e_0002.pdf〉。

農林水産省（公開年不詳）「鯨のハリハリ鍋」〈https://www.maff.go.jp/j/keikaku/syokubunka/k_ryouri/search_menu/menu/39_4_osaka.html〉

道の駅たいじ（公開年不詳）「クジラ料理」〈http://michiekitaji.com/cook/〉。

◉太地をつなぐ③

なんでゴンドウしかいわんのか

由谷恭兵さん

ゆたに・きょうへい さん……一九八八（昭和六三）年、太地町生まれ。生家は鯨類をはじめとする海産物の加工・販売をおこなう重大屋由谷商店。高校を卒業後、沿岸捕鯨や調査捕鯨に参加し、クジラの解剖方法などを学ぶ。その後、二代目だった祖父が亡くなったのを契機として重大屋由谷商店の代表に就任。現在は鯨類などの加工・販売をおこないながら、商工会などにも参加している。

聞き手／構成　湯浅俊介・木村瑞希

僕で三代目です

うち、重大屋由谷《じゅうたやゆたに》商店っていうお店をやってます。現在、僕で三代目です。ひいおじいさんの代からやってまして。初代が重太郎っていう名前で、そこが起源となって、それで重大屋っていう屋号です。重太郎の息子で、二代目の金三が引きついで、一九四九（昭和二四）年に個人商店として登録したので、それ以前から商売はやってるんですけど、登録してからでも七四年たってます。

由谷という名字は、クジラの油の処理をしていた人たちの名残で由谷さんっていう話を聞いたことがあります。そのほかだったら脊古《せこ》さんだったらしめるとか、太地由来の名字のなかのひとつです。[*1] 名字の由来の油は、いまはコロですね。[*2] コロなんで、油がドラム何本もでるんです。だから一応いまでも油関係はやってるかな、と思います。

＊1　他の太地町由来の名字については、一三二頁の記述を参照。

＊2　歯鯨類のクジラの皮を揚げ、油を抜いたもの（後述図1〜3参照）。もともとはマッコウクジラで製造していたが、マッコウクジラが捕獲できない現在はゴンドウ類から製造している。九七頁、一〇四頁の記述のように、煎粕とよばれることもある。

重大屋は、いまは身内ばっかりです。僕と母と母親の姪さんがメインでやってて、忙しいときにひとり、ふたり、きてくれるぐらいなんで。ひとむかし前までは七、八人ぐらいでやってたんですけど、漁獲量が減ったのもあったり、きてくれてたのも何十年単位のおばちゃんばっかりだったんですけど、高齢になってきて無理にきてもらうのも、親の介護とか、いろいろあって「無理せんとしようか、ぼちぼち」って減らしてきて、家族経営って感じですね。

クジラを覚えてこい

重大屋ではむかしからクジラとか、魚、あと干物だったりをリヤカーで引いて売っていました。商業捕鯨時代も、おじいさんの金三はクジラをどんどん売って。クジラの黄金世代ですね。大洋ホエールズ[*3]とか、そういう球団まであったっていう、一番よかった時代をまたぎつつ、ずっとやってきて、僕がなったのがもう十数年前。代替わりで、おじいさんが亡くなったときに、母親もいてるんですけど、僕の方で代表というかたちになりました。

＊3　大洋漁業株式会社が所有していたプロ野球の球団。現在の横浜ＤｅＮＡベイスターズの源流にあたる。下関を本拠地に一九五〇年からセントラル・リーグに加盟して、一九五五年には川崎を本拠地とした。その後、一九七八年に本拠地を横浜としたのを契機として横浜大洋ホエールズと名称を変更した。一九九三年に横浜ベイスターズに名称を変更し、二〇一二年にオーナー企業の変更にともない現在の球団となった。

その前ぐらいに、「クジラを覚えてこい」ということで、先代からいわれまして、高校卒業してから東北の方、石巻の鮎川っていうところへ行って、ツチクジラの解体作業、やりはじめたんです。

ろくにバイトとかもしたことなかったんで、はじめての仕事で、ことばの壁にぶちあたり、とてもとても厳しい。東北のかたなんかも、血の気多かったんで、よく怒られながら。怒ってるんで、なにいってるかわからんなとか思いながら。

クジラの解体であったり、作業であったり、選別方法であったりっていうのを、最初が鮎川で、そのあと調査捕鯨[*4]にも参加して、陸上作業員として全国各地ですね。千葉にも行ったり、函館、網走、釧路と、ひととおり行ってて。そこで肉の選別などを学んで、太地町でもそれを活かせるようにってことで現在やってます。

＊4　ここでいう調査捕鯨とは、第Ⅱ期北西太平洋鯨類捕獲調査（JARPNⅡ）を指す。二〇〇〇年から二〇一六年までおこなわれていた捕獲調査で、北西太平洋における鯨類の生態研究や環境汚染物質のモニタリング、鯨類の系群構造の解明を目的として実施されていた。二〇〇二年からは沿岸捕獲調査もはじまり、釧路と鮎川で交互に実施されていたが、二〇〇五年より二か所でおこなわれるようになった。

クジラ、さばけます

僕、商工会という団体にはいってて。それで、近畿青年部の連合会で集まったときに、「クジラ、さばけます」っていうと、「どうやって？　見てみたいんやけど」っていう話で。「一回、見てみたいんです」っていうのは、地元の人でも多いですよ。地元の人でも見ることないんで。「解体ショーやってほしい」っていわれることもあるんですよ。むかし、それこそおじいさんの代に、百貨店とかでやってたんです。それ用のトラックまでつくってたんですよ。透明のケースで、荷台になってて、そのトラックのまわりに集まって観るんです。うちだけなのかなと思ったら、全国各地でやってたらしいんですよ。親戚のおっちゃんとかも、「バイトで行ってたわ」っていう話、してたんです。もちろん肉にするための解体ですね。終わったあと、販売してたって聞きました。昭和四〇、五〇年代でしょうね。

クジラって基本的に、大きく二種類あるんですけど、歯鯨類、鬚鯨類[*5]って。骨格がちがうんですよ。あと大きさがちがいますよね。ゴンドウはいっても五メートル台、ミンクだったら大きければ八メートルで、三メートルぐらいちがえば、何トンもちがってくるんで。それでさばく大事な部分、畝須っていって、やまやまになってるところも高級な部位なんで、鬚鯨と歯鯨じゃ完全にさばきかたはちがってきます。

＊5　鯨類は鬚鯨類と歯鯨類というふたつのグループに分類される。鬚鯨類は一般的に大型のものが多いのに対し、歯鯨類は大小さまざまな種で構成されている。イルカ類はすべて小型の歯鯨類である。日本近海に生息するゴンドウ類は五種で、いずれも歯鯨類に属する。畝須は、鬚鯨類のなかでもナガスクジラ属に特徴的な部位である。畝須については五三頁注7、五四頁以降の図3〜5も参照。

クジラは四つ、おもに胸のあたりは別として、マグロと一緒で背中の肉がふたつと、お腹の肉がふたつの節で落とすんですね。そっから大太刀《おおたち》といって大きい包丁で、この肉をバンンと切って、筋目に沿ってわけて、どんどん筋をなくしていくのを小さい包丁でやっていくんです。大箱であれば一〇キロ前後の一塊の肉にするのと、ちっちゃい箱であれば三から五キロのサイズに整形ですね。できるかぎり角が立つように、綺麗に。

市場へ送ったり、そういうものなんで、やっぱり見た目も大事なんです。氷漬けして、大きめの肉を筋ないように綺麗に整形したものを、箱へ詰めて、出荷です。

鯨油で揚げつづけるんです

太地町で仕入れる場合は、追い込み漁師さんが船で追い込んできて、しめたものを市場へ揚げて、そこからさばくんですね。で、さばいて肉と皮とか各部位にわかれたものを入札して買います。そこから工場へもっていって。干物は切って、塩漬けして、干して、パック詰めしてっていう工程です。

ほかの加工品であれば、クジラのコロっていう、大阪のおでんとかでよく使われるものなんですけど、そういうものは皮を三センチ、四センチくらいの幅に切って、鯨油で揚げつづけるんですね。大きい釜があるんですけど、そういうので一時間から一時間半ぐらい揚げつづければ、からからに揚がるんで、それで完成って感じなんすね［図1、2、3］。

太地町以外のものだと、共同船舶[*6]さんの方は、一〇キロちかくのブロックの肉の塊で送られてくるんで、筋とかはいってれば取るんですけど、はいってなければ、だいたいふたつのブロックがひとつにキュッってくっついて真空パックみたいになってるんで、それを外して、半解凍ぐらいにして、飲食店さんが使いやすい、個人さんでも使いやすいサイズにカットして、真空パックをかけてから、販売しています。

＊6　共同船舶株式会社。一九八七年度末をもって商業捕鯨が一時停止となり、母船式捕鯨をおこなっていた日本共同捕鯨株式会社は解散した。共同船舶は同社の船舶と人員などを引きつぐかたちで一九八七年一一月に設立された。一九八七／八八年シーズンより南極海、一九九四年より北西太平洋における鯨類捕獲調査を請負い、二〇一九年七月以降は商業捕鯨をおこなっている。

図1 コロを揚げるための釜
出所：重大屋にて赤嶺淳撮影〈2019年12月〉

図2 コロを揚げるために皮から肉をすく
出所：重大屋にて赤嶺淳撮影〈2019年12月〉

図3 コロを袋につめる
出所：由谷恭兵氏提供

仕入先は太地町、共同船舶の両方と、もうひとつがまれなパターンなんですけど、定置網にはいるクジラなんですね。三重県筋からこのあたりまでは、僕に解体要請がかかるんで、あったらさばいて、そのあと入札して自分で買うみたいな感じの流れで。それは生なんで、一回凍らせて、ちょっと角が立つように半解凍くらいで、また切って、真空パックかけて、っていうものをやってます。生は生で欲しいっていうところは、そこにそのまま送ったりとか。やっぱり生のクジラって貴重なんで、すごく需要はあるんだと思うんですけど、常にあるもんじゃないんですね。

太地産の内臓を使ってます

うちでは内臓もやってます。太地でいう「うで

図4 ゴンドウ類のうでもの
出所：漁協スーパーにて赤嶺淳撮影〈2020年1月〉

もの」ですね。「茹《ゆ》でる」が「うでる」っていう訛りで。心臓、腸、胃袋、横隔膜、腎臓、肝臓、全部ですね。全部はいってますね。

うでものに関しては、もうほぼ九〇、九五パーセントは太地町の追い込み漁産のものです。一応、共同船舶からは百尋[*7]は買ったりしてつくったりしますけど。それも綺麗に洗浄作業をおこなって、そのあと塩茹でやって、均等になるようにパック詰めしています。それを料理屋さんであったりに出荷してます。ほかにも好きなかた向けで食べやすくと思って、機械でスライサーをかけて切って一〇〇グラムパックとかにして、生姜とネギと乗せて、ラップで包んだものを、惣菜的な感じでつくってたりしています［図4］。

＊7　クジラの小腸のこと。洗ってから塩水で茹でたものを食す。一〇四頁の記述や一七一頁図2も参照。

クジラ食は認知度が低い

現在でいうと、展示会っていって東京とか九州へ行ったりとか、ちょっと大きな商談会みたいのがあるんですけど、そういうのにも参加して、新商品であったり、クジラの普及をできるようにっていうのを、やってます。

いざそこへ行って思うのは、クジラ食はすごい認知度が低いなっていうのが、もう都会へ行けば行くほど強くて。「いまでも捕ってるの？」とか、「どんな味するの？」とか、「クジラって食べれるの？」とか、そういうかたも結構多くいらっしゃいます。

で、逆に知っておられるかたは、すごいよく知ってて、「頑張ってね」とか、「反捕鯨の人たちにやられるの、大変やね」とかいろいろと声をかけてくださるかたもいらっしゃいますね。「どうやって応援したらいいの？」とか、そういうのもいってくれてたりするんで、そういうのを励みに、どうにかこうにか、つながっていけばなぁっていうことで、頑張ってます。

大手の取引先とかは、あんまり好まないんですよね、クジラを扱うの。食べておいしくても、反捕鯨（運動）になんかされるかもっていったら、その時点でもうマイナスじゃないですか。そういうのって、やっぱり嫌うんでしょうね。反捕鯨（団体）がくるっていうのは、まあ商業捕鯨になる前なんで、そのころはほんとにまったくというほど触れてはいけないものみたいな扱いだったんですよ。

ですけど、商業捕鯨になって、ちょっと変わったかなというところがあって。今度（二〇二二年）一〇月一二日からなんですけど、阪急梅田の本店のほうでも、一週間クジラの食のイベントがおこなわれる予定で、主は共同船舶さん。ほか四社のうち一社にうちがはいらしていただけることになってて。百貨店さんがそんな動きをしてくれるんやなっていうのは、クジラ業界の人もびっくりするぐらいの話なんで、なんかいい兆しになればな、とは思ってるんですけど。

臭みが一番の敵

需要でいうと、ミンククジラが圧倒的に強すぎるんですよね。ミンククジラが認知度もナンバーワンなんすよ。で、イワシクジラ、ニタリクジラとかは、「あー、あるよね」ぐらいな感じで（笑）。ゴンドウとかハナゴンドウっていっても「なに、それ？」って。関東行くと、完全にミンク。ミンクの人気はもうずっとですね。調査捕鯨のとき、ミンクは値段が上がってたっていうのも、やっぱり需要があるから。

「ゴンドウはおいしくないよね」っていうイメージも結構、強くて。名古屋とかもそうですし、「ああ、ゴンドウやろ〜」みたいな。おいしいんですけど、ちょっとクジラっぽさが強いのかな、歯鯨なんで。太地以外だとゴンドウは、沖縄で捕ってるらしいですけどね。九州の多分、(長崎県)彼杵《そのぎ》とか、あのあたりも食べるんですよね。*8

*8 沖縄県の二〇二二年度漁期(一〇月から翌年九月)のイルカ突棒漁業における捕獲枠は、ハンドウイルカ五頭、シワハイルカ一〇頭、コビレゴンドウ二六頭、オキゴンドウ一四頭、カズハゴンドウ四二頭の計九七頭である(「令和4(2022)年度漁期のいるか漁業の鯨種別捕獲枠」)。

大阪でも結構、扱いがわからないかたが多くて、それこそスーパーでラップだけ巻いてて、酸化して真っ黒になってるやつ、安くなってたから買って食べたけど、最悪、それが一番悪い流れなんです。つぎにつながらないっていう。僕も大阪のスーパーとかに取引あったりするんで、ちゃんと伝えるようにしています。「並べてりゃいい、魚と一緒やろ」っていうのが多いと思うんで、その辺はどうにかしたいところです。

ゴンドウの干物なんですけど、あれ毛嫌いする人はするんですよね。臭みが一番の敵なんですよね。血と、体質もあると思いますね。エサにもよるみたいです。太地でいうゴンドウでは、ハナゴンドウ、カズハゴンドウ、コビレゴンドウと三種類捕ってるんですけど、*9 ハナゴンドウとコビレゴンドウはイカばっかり食べてるのに、カズハゴンドウは魚も食べてるんです。やっぱ臭いですね、カズハ。いや、食べたらおいしんですよ。ただ生のときの、血の匂いはすっごい。独特なんですよ。匂いを「どっからなん？　どっからなん？」って探して、「これ、血や！」ってわかって。血管は全部、取りのぞいて、血抜きをしっかりしないと、生ではやっぱりなんか臭い。あれこそほんとに素人っていうとあれですけど、わかってない人やっちゃうと、つぎにつながらなくなっちゃう。

＊9　和歌山県における二〇二一年度漁期（九月から翌年八月）の追込網漁の漁獲枠は、カマイルカ一〇〇頭、スジイルカ四五〇頭、ハンドウイルカ二九八頭、マダライルカ二八〇頭、シワハイルカ二〇頭、ハナゴンドウ二五一頭、コビレゴンドウ一〇一頭、カズハゴンドウ三〇〇頭、オキゴンドウ四九頭の計一八四九頭である。また、同期の突棒漁業の漁獲枠は、カマイルカ二六頭、スジイルカ七一頭、ハンドウイルカ四七頭、マダライルカ四九頭、ハナゴンドウ一四七頭、カズハゴンドウ二一頭の計三六一頭である。（「令和4（2022）年度漁期のいるか漁業の鯨種別捕獲枠」）。

やっぱゴンドウは好きなんです

僕自身の好きなクジラがなにかって聞かれると難しいです（笑）。やっぱゴンドウは好きなんですよ。太地で捕れるクジラなんで。好きなんですけど、漁師さんとは、またちょっとちがうんすよね。漁師さんは、もうほんまに、クジラ大っ好きなんで、レベルがちがう。漁師さんはあばら骨についた肉ごといけるぐらいの人たちで、「これ、絶対、売れるで」っていわれて、僕は「どこで売んねん?」って思いながら聞いてるぐらいなんです。

ゴンドウは、やたら強いです、ゴンドウ愛が、太地町。「ゴンドウが、ゴンドウが」ってやたらいうんです。「なんでゴンドウしかいわんのか」って、僕はいつも思ってるんすけど。ただ、ゴンドウの尾の身とか、ああいうのはおいしいと思ったり。すき焼きとかしてもおいしいかなと。竜田揚げだと、まあ一番一般的でおいしいかなとは思うんですけど。そうですね、ベーコンも好きかな。

僕は小学校、中学校はずっと太地です。クジラは給食でずっとでてますね。月一回はでたんじゃないかな、と思いますけどね。そうやって過ごしてると、なじみ深くはなりますね。家でもクジラ食べるのは、やっぱり太地に根付いてるものです。

新宮《しんぐう》っていう、ここから三〇分かからないぐらいのところの子どもさんとか、「クジラは給食で食べるもの」って感じなんですね。「家で食べるものではない」っていう感覚が強いみたいです。

竜田揚げをつくったら、ちっちゃい商品にならないようなやつがでるんですよ。で、「おかずにどうぞ」って、新宮の知りあいにあげると、家で揚げた方がカリカリしておいしいって子どもさんたち、よくいうんです。でもその子どもたちが「家できのう、竜田揚げだった」っていうと、「えっ？　家でクジラでるん!?」っていうリアクションされるらしいんです。そんな感覚なんやって、ちょっと驚きました。

給食だと基本的には竜田揚げのみですね。クジラのオーロラ煮[*10]なんかは、僕らは食べたことなかったんですけど、大阪の方でよくあったらしくって。大阪の知りあいが「あれ、うまいよな」っていって、「食べたことない」っていう話になって。で、向こうの人がつくりかたを教えてくれるっていう（笑）。そうやって大阪文化を勉強することもあったりはします。クジラのベーコンを生姜醤油で食べるんじゃなくて、「ウスターソースと辛子で食べたら、おいしいねん」とか。意外と、ところ変わればな食べ方もおいしいなって思いましたね。

*10　竜田揚げにケチャップなどのソースをからめた料理。「ノルウェー風」と呼ばれることもある。かつては学校給食の定番メニューだった（三浦良江「鯨をおいしく頂く」）。

残せるものは、できるかぎり残したい

うでものが流通してるのは、基本的に太地町で、東牟婁《むろ》管内ですね。地場です。地元飲食店、居酒屋さんとか、メインですね。新宮から串本のあいだが多いです。

東京の物産展などには、うでものはもってかずに、ひれの部位のテッパとベーコンと竜田

揚げのセットだったり、そういう食べやすいので固めて。あと、さえずり好き[*11]なかたも多いと思いますね。さえずりも、切って並べて、真空パックかけて、お刺身用って出せば食べやすいですよね。

有楽町に和歌山県のアンテナショップ、紀州館というところがあるんですけど、クジラのテッパはずっと置いてくれてるんですよ。ファンがちょこちょこいらっしゃるようで。

＊11　鬚鯨類の舌。『鯨肉調味方《げいにくちょうみかた》』（一八三二年）にはサヤと記載され、「味おもし（味はくどい）」と評されているように、かつては脂っこく、不人気であったようであるが、関西を中心にすまし汁の具材などの需要がある（高正晴子『鯨料理の文化史』一七、二二五頁。中園成生・安永浩『鯨取り絵物語』二七四頁）。

伝統的なものと新しいもののバランスでいうと、残せるものは、できるかぎり残したいと思ってます。コロなんかは、大阪のおでん屋さんなんか行くと、こんな親指サイズがふたつ、三つ、ついて八〇〇円だとか一〇〇〇円とかっていう話を聞いたんで、「そんなすんの?」って、自分ではびっくりしてるんですけど（笑）。そういうのを食べれる年代のかたたちは、多分、中高年代のかただろうなっていう想定で［図5、6］。

新しいものに対しては、完全にターゲット・年齢層がちがうと思います。いままで食べてない世代のかたたちに、手に取ってもらいやすい入口として、新しく買いやすい値段で、食

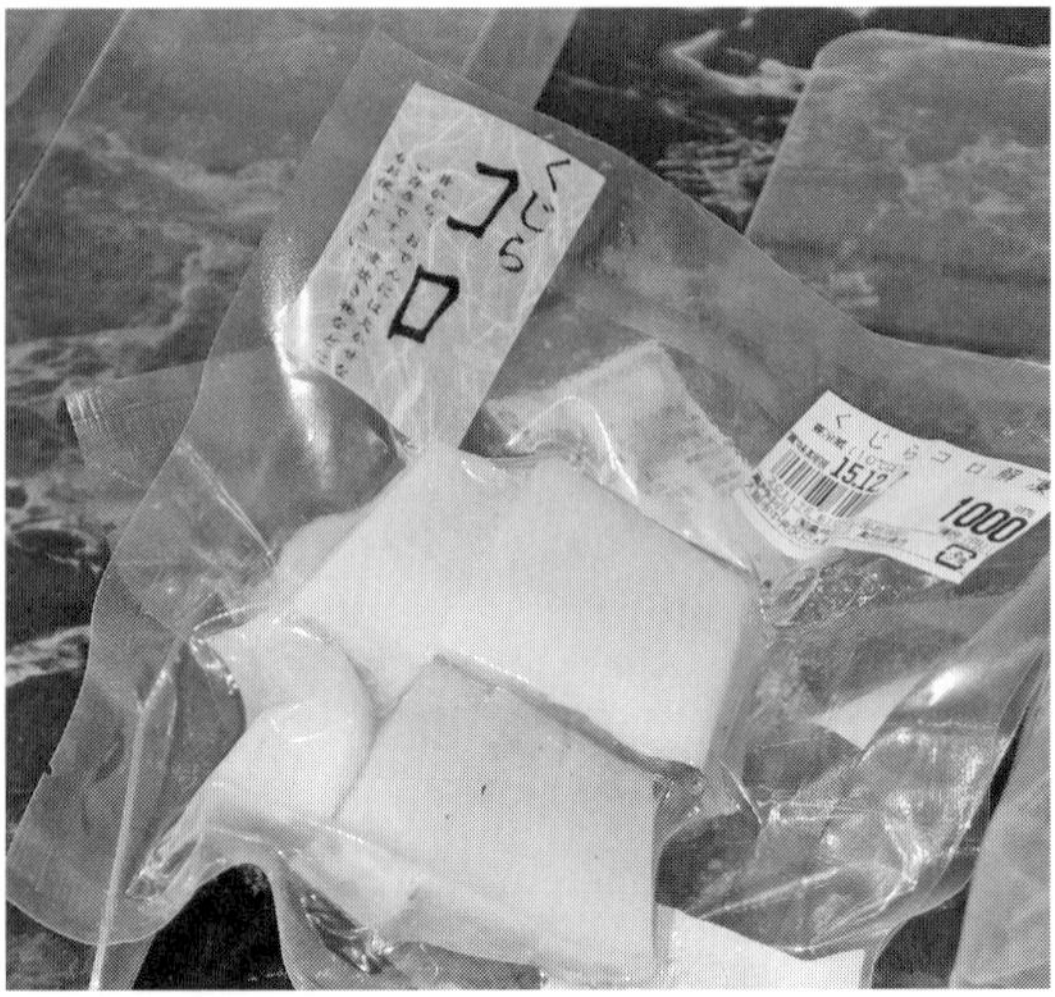

図5 おでんの具材用として水にもどして小売りされているコロ
出所：黒門市場（大阪市）にて赤嶺淳撮影〈2015年12月〉

図6 コロおでん
出所：徳家（大阪市）にて赤嶺淳撮影〈2018年12月〉

べやすいものをつくれればなって思ってるんです。新しいものの割合、どうしても小さくはなると思うんですけどね。最初のうちは。段々、段々、それが変わっていけばなって。

食べやすくないとダメ

いろんな方に食べていただきやすいようにって思ってやってることもありまして。おもに飲食店さんであったり、料亭さんだったりっていうのが、うちのお客さんだったんですけど、コロナでやっぱりすごい、すごいガタガタに売り上げ落ちちゃいまして。

和歌山県のちかい業者でも、「なんかせなあかんよね」っていうことで、食べやすいものっていうのでつくったのが、うちはクジラのクッキー。県下一二社集まってつくったので、紀州鴨の会社であったり、しらす屋さんであったり、備長炭の炭を使ったパウンドケーキとか、胡麻豆腐屋さんであったらゴマのフィナンシェとか、あと梅酒に蜜柑って感じですかね。いろんな業種が集まって、和歌山のお土産をつくりました。

この箱は、揃えたくなるような統一性がコンセプトで。コロナになって、どうにか地域を盛りあげれたらなっていうので、クラウドファンディングに出してみたら、一〇〇パーセントを超えるぐらい応援していただけたんで、これを起点に新しい取引先もちょっと増えた

図7 クジラクッキーのパッケージ
出所：道の駅たいじ（太地町）にて辛承理撮影〈2023年3月〉

りとか［図7］。

　一般の消費者が家庭で使えるようなものとか、すぐに食べられるような商品をつくろうとかは、コロナ前も考えてたんですけど、そこまで力を入れてなかったというか。で、ネットの方も、それまでにはできてたんですけど、やっぱりネットがあってよかったなとか。

　食べやすくないとダメなんだなっていうのは、やっぱり思います。「魚は触れるけど、クジラわかんない」っていう人も結構、多いんで、そういうのも、わかりやすくしていく必要があります。展示会に行ったり、外のかたとお話ししたりすると課題は見えてくるので、それをどうにかしていかないとダメなんだろうなって思いながら、ぼちぼち動いてる感じです。

　今回のクッキーは、お菓子っていう、またとがりすぎてるぐらいのジャンルなんですけど。常温で食べやすいのは、手に取ってもらいやすいんやな、っていいうのはわかったんで、開けたらすぐ食べれるっていうのを、今度つくれたらなと思っていますね。これは道の駅と（くじらの）博物館で置いてもらってて。結構、修学旅行の子どもたちが選べるっていうので、買ってたりとかしてます。でもクラッカーにした方がよかったかなって若干、思ってるんです。クジラクラッカー。ちょっと生地を変えて、たとえばお酒と一緒に売るとか。

あと価格帯ですよね、やっぱり。こないだ、東急プラザ銀座ってところの、一階で物産展やってたんですけど、話を聞いてると、核家族化してるんで、都会の人ほど個パックの方がいいよっていうことでした。最初、セット売りにしてたんすよ。和歌山県の一八社×二品ずつもっていって。で、お菓子セットの一二社のなかの数社でやってたんすけど。銀座だと、「セットやったら、みんな買ってくれるんちゃうん？」、「ちょっと高くても、買うやろ」って思ってたんですけど、まったく見当ちがいでした。選べる組み合わせとか、ネットでも当たり前でしょうけども、消費者はそういう傾向にあります。説明したら「あぁ、いいね」とか、試食したら「おいしいいね」って買ってくれるんですけど。その辺はやっぱ今回行って勉強になったなっていうのがありますね。

都会の人たちにもっと鯨食について知ってもらいたいって思いはありますね。YouTubeとかで発信すればいいんでしょうけどね（笑）。自分で撮って、自分でやるの、なかなか大変で難しいと思うんで（笑）。今度やりますかね、はっはっはっは。

「クジラ＝太地」ぐらい

ほんとに「クジラ＝太地」ぐらいなところはあると思うんですけど。反捕鯨のイメージが結構、大きいところがあるんですよね。反対運動のときは、太地の追い込みと調査捕鯨とは、一緒くたにされてたと思いますね、感覚的に。対象の鯨種も操業範囲も全然ちがうけども、おなじ捕鯨だって。太地の場合は、当時はもう丸見えでしたし、叩きやすかったのもあると思うんですけどね。

もう、けどそんなにビビらなくてもいいんじゃないかなって。あの人たちは絶対に、なにしようと反対する人たちなんで、もう反対はありきで。応援してくれてる人たちもいるんやよっていうのは、実際ある話なんで、その人たちに知っていただけたら、もうちょっと広がりはあるんじゃないかなと思います。

ある程度オープンにしていかないとダメっていうか、もともと閉鎖的にせざるを得なかったんですけど、もうそこまで気にしなくてもいいんじゃないかなっていうような気はしてます。太地は意外と移住・移民のまちで、結構アメリカ行ってる人って多いんで、なんか受け入れだしたらフレンドリーになりそうな気がするんですけど。

地元や県内のよさを伝えられれば

人手不足は、もうどうしようもないなっていうところは、ほんとに感じてます。増やそうにもやっぱり、都会へでてく人たちは多いんで。自分の同級生も、いま太地町にはほとんどいてないですね。大阪行ったり、役場はいったりとか、そういうかたばっかりなんで。加工屋さんも、太地町、何軒かやめましたね。二〇〇〇年以降です。後継ぎがいなかったってのが、一番の要因ですね。

太地には、食べるところが少ないなってなったりもするし、お店増えたらなとか、いろいろ思うこともあったりするんですけども。いいところでいうと、本当に景色。北海道に仕事で行ってた関係上、北海道の知りあいも多くて、何人か遊びにきてるんですよ。で、「すごい、いいとこだね、景色最高」と、ものすごい喜んでくれるんですよ。

僕らからしたら北海道行ったら、めっちゃ景色いいなぁと思うんですけど、その北海道の人たちも大絶賛。のんびり過ごせる、っていうんです。ほかでいうと、鮮度のいい魚などは食べやすい。食べれるお店少ないけど(笑)。材料はあるのに、って。あとは歴史が多いんで、そういうのお好きなかたは結構、歴史的にはおもしろい町だと思います。で、よくも悪くもクジラ。太地＝クジラ。

文化ごと伝えていくのは難しいですよね。きてもらえるように、つなげてもいいんじゃないかなって気がします。前回、東京で売ったときも、VR体験をしてもらって。和歌山の景色が見れるような、そのなかでピッピッピッて買い物ができるっていう、物産展だったんですよ。はじめてやってみようかって、みんなでやったんですけど、それは和歌山の景色を見ていいなと思ってきてもらえるように。地元に人がくるっていうのは嬉しいことなんで、そういう風にもっていけたらなぁって。そのなかのひとつなんで僕も。リゾート開発とかではなく、地元や県内のよさを伝えられれば。

今度、日本鯨類研究所が太地町にできます。平見って山の上の方なんですけど。

クジラのメッカの町ということで、森浦湾でイルカを飼ってるのを研究しつつ、鯨類研究所もこっちにきてもらって、っていうので、いま動いてるところですね。それがうまくいけば、またクジラのまちとしては、よくなるんじゃないかなって思いますけどね。

引用・参照文献

水産庁（二〇二二）「令和四（二〇二二）年度漁期のいるか漁業の鯨種別捕獲枠」〈https://www.jfa.maff.go.jp/j/whale/attach/pdf/index-33.pdf〉。

高正晴子（二〇一三）『鯨料理の文化史』エンタイトル出版。

中園成生・安永浩（二〇〇九）『鯨取り絵物語』弦書房。

三浦良江（二〇一六）「鯨をおいしく頂く」、『aff（あふ）』二〇一六年七月号「特集1　鯨」〈https://www.maff.go.jp/j/pr/aff/1607/spe1_03.html〉。

第Ⅱ部 太地を解く

すれちがうまなざし
個人史とグローバルヒストリーの交差点で
赤嶺 淳

一 個人史から問う

大分県南部の、宮崎県との県境にちかい盆地で育ったわたしは、鯨食とは無縁であった。

とはいえ、一九六七(昭和四二)年生まれという世代柄、まったく口にしなかったといえば、嘘になる。

中学一年生だった一九七九年八月のことだ。夏休み中の登校日、体育館での集会をおえ、立ちあがろうとした瞬間、目眩《めまい》をおこして床にへたりこんでしまったことがある。その日だったか、その翌日だったか。どこで耳にしたのか、母が鯨肉の塊を差しだし、「貧血に効くんっち」。

「効くんだって」という伝聞情報を鵜呑みにした表現からも、母が確たる自信をもっていなかったことはあきらかだ。「さもありなん」と思わせる発想ではある。だが、母が血液と勘違いしたのはドリップである。タンパク質やビタミン類がふくまれているとはいえ、貧血に即効性はなかったはずだ。

もし、マッコウクジラなどの歯鯨《ハクジラ》類であったならば、ミオグロビンを豊富にふくむため、多少の効果はあったかもしれない。しかし、鬚鯨《ヒゲクジラ》類全盛時代のことである。江戸時代以来ゆたかな鯨食文化をはぐくんできた長崎や佐賀、福岡などと異なり、もともと鯨肉の消費量の少なかった大分県で、わざわざ歯鯨類が流通していたとも思えない。

あれは、一体、なにクジラだったのか?

一九七七／七八年漁期を最後にイワシクジラの捕獲が禁止された結果、「貧血事件」当時に南氷洋で捕獲がゆるされていた鬚鯨類は、ミンククジラ二七三三頭のみとなっていた。よってミンククジラであった蓋然性が高かろう。しかし、おぼろげながらも、淡いピンク色だったような気もするので、冷凍保存されていたイワシクジラの在庫だった可能性も否定できない。

鯨食になじみのなかったわたしが、能動的に鯨肉を食べるようになったのは、それから三〇年たった二〇一〇年四月末以降のことである。ナマコ研究が一段落し、捕鯨問題の研究に着手しようと意気込んでいたときのことである。手はじめとして太地の鯨供養祭に参加した際、当時、教育長をされていた北洋司さんに鯨料理をご馳走になったのである。

「わたしたちは好きなんですけど、はじめてのかたにはどうでしょうね」と出してくれたのが、ゴンドウ類のウデモノ（茹でもの）だった。

しかし、それは北さんの杞憂であった。ほどなく「赤嶺さん、無理していませんか？」と、気遣いさせてしまうほど、わたしはウデモノに食らいついていたからである。

カルビなどの高級部位の存在を知ったのは、自分でお金を稼ぐようになってからのこと。ホルモン焼きが幼少期のご馳走だったわたしにとって、焼肉とは小腸や胃などの臓物を食べることであった。ゴンドウ類の内臓を食することに抵抗など、あるはずもなかった。

ここまで個人的経験を紹介した理由はふたつある。ひとつは、「個人史から地域史を再構築する」

という本書の手法にそってみようと考えたからだ。他人の経験を訊き、同時代史を叙述しようとする以上、わたしも自身の過去と対話すべきであろう。もうひとつは、鯨食体験の有無／濃淡には地域的偏差があること——日本列島の全域で一様に鯨食がなされてきたわけではないこと——を再確認しておきたかったからでもある。

捕鯨問題では、きまって「鯨食の伝統性」が俎上にのぼることになる。日本の伝統だと主張する人もいれば、言下に否定する人もいる。わたし自身は、「鯨食は全国民的《ナショナル》な食文化ではありえないが、日本には鯨食文化を誇り、継承する地域が存在している」と考えている。というのも、鯨食と無縁に育ってきたわたしのような個人と、少なくとも四百年にわたって鯨類との関係を深めてきた太地の人びとを、同列にあつかうのは無謀にすぎるからである。第一、鯨食を国民文化だと主張することは、太地をはじめとする列島各地の捕鯨地域の歴史をないがしろにするにひとしい。

久世滋子さんが、「クジラで栄えたのは、この地形が生んだんだよね」と、太地で捕鯨業が確立した秘訣を地勢にもとめているように、黒潮に洗われるリアス式海岸の土地だからこそ、太地は捕鯨に糧をもとめることができたわけである。

黒潮は、ときに人びとを太平洋の果てへ連れさる畏怖すべき存在である。しかし、その黒潮に乗って鯨類は太地にやってくる。海外渡航が禁止され、大型船の建造が御法度だった江戸時代に組織的な捕鯨を発展させるためには、鯨類が回遊する海道に面していることが絶対的な条件であった。

「船に乗ってるときに見える風景はよかったわぁ」と濱田明也さんが回顧するような絶景も、つまるところは、吉野熊野国立公園（一九三六年）や南紀熊野ジオパーク（二〇一四年）に指定されるほどの、太地の地質学的特質に帰すことができる。

しかし、鯨類を招きいれ、観光客を魅了する風光明媚な雄々しい地勢こそが、山下憲一さんのおじいさんが「ちょっと稼ぎに行ってくる」とカリフォルニアへ、世古忠子さんのお父さんがアラフラ海に向かったように、明治期以降に北米や豪州に多数の移民を輩出する原因ともなった。

太地の人びとにとっては、黒潮も、太平洋も、南氷洋も、北洋も、アラフラ海も、ジオパークも、すべてが不可分で渾然と一体化した存在なのである。それらをつなぐ糸が捕鯨であり、鯨食なのである。したがって太地の「いま」を理解しようとすれば、八篇の個人史を個別の物語としてではなく、太地の人びとが共有する地域遺産として味わうほかはない。

本稿では、太地という地域社会の歴史を理解するにあたり、「個人の経験と世界史的な出来事とが、いかに接続しあっているのか」について例示してみたい。

具体的には、米国人歴史学者のナンシー・シューメーカーの研究を手がかりに、一九世紀に世界を席巻した米国捕鯨が、当時の世界商品であった鯨油《げいゆ》と鯨鬚《くじらひげ》だけをもとめ、「鯨肉を経済的価値なし」とみなした自文化中心の価値規範が形成された過程について批判をくわえたい。

以下、二節で鯨類の多様性を説明し、捕鯨問題に向きあうに際して鯨種にこだわる必要性を説く。三節では一九世紀に米国の捕鯨船が太平洋捕鯨を席巻するにいたった過程をハワイ諸島の地政学的位置づけに関連づけて解説する。四節ではシューメーカーの研究を紹介するとともに、彼女の説く

「食という私的領域から歴史をとらえる」研究視角を補足する。そのため、鯨種同様、部位の多様性にこだわる必要性を指摘する。つづく五・六節では、シューメーカーが批判対象とする米国の太平洋捕鯨を舞台にした文学作品『白鯨』（一八五一年）を題材として、同書における鯨食の描写を検討し、作者のメルヴィルが「尾の身」とほかの部位の相違を認識していた可能性を提示する。最後に自文化中心主義に凝りかたまったニューイングランド人船長への「まなざし」批判をもって、本稿のむすびとする。

二 スーパーホエールと逆《さかさ》スーパーホエール

生物学的には、クジラもイルカも鯨類（cetacean）としてひとつのグループに属している。最新の研究では歯をもつ歯鯨類一〇科七四種と、歯のかわりに鯨鬚をもつ鬚鯨類四科一四種の八八種に分類される[1]。このうち日本列島周辺海域に生息するのは、八科四〇種（鬚鯨類九種、歯鯨類三一種）と、半数ちかくにおよんでいる[2]。その半分の六科二〇種が熊野灘周辺海域を回遊しているように、太地が鯨類資源にめぐまれていることがわかる*1（表1参照）[3]。

日本では、体長が四メートル以上になるものをクジラ、四メートル未満のものをイルカと呼ぶの

表 1 熊野灘でみられる鯨種と2022年度における捕獲枠

亜目	科	属	種	捕獲枠		
				捕鯨業*	追込網漁業**	突棒漁業**
ヒゲクジラ亜目	セミクジラ科	セミクジラ属	セミクジラ	–	–	–
	ナガスクジラ科	ザトウクジラ属	ザトウクジラ	–	–	–
		ナガスクジラ属	ニタリクジラ	187	–	–
			ミンククジラ	167	–	–
ハクジラ亜目	マッコウクジラ科	マッコウクジラ属	マッコウクジラ	–	–	–
	コマッコウ科	コマッコウ属	オガワコマッコウ	–	–	–
	アカボウクジラ科	アカボウクジラ属	アカボウクジラ	–	–	–
	マイルカ科	オキゴンドウ属	オキゴンドウ	20	49	–
		カズハゴンドウ属	カズハゴンドウ	–	300	21
		カマイルカ属	カマイルカ	–	100	26
		ゴンドウクジラ属	コビレゴンドウ	69***	101	–
		サラワクイルカ属	サラワクイルカ	–	–	–
		シャチ属	シャチ	–	–	–
		シワハイルカ属	シワハイルカ	–	20	–
		スジイルカ属	マダライルカ	–	280	49
		スジイルカ属	スジイルカ	–	450	71
		ハナゴンドウ属	ハナゴンドウ	–	251	147
		ハンドウイルカ属	ハンドウイルカ	–	298	47
		マイルカ属	マイルカ	–	–	–
		ユメゴンドウ属	ユメゴンドウ	–	–	–

出所：太地町立くじらの博物館［公開年不詳］より筆者作成。

* 日本の排他的経済水域（EEZ）全体の捕獲枠で、2022年1月1日から12月31日までの頭数。ニタリクジラは母船式捕鯨のみ、それ以外は基地式捕鯨のみにあたえられた捕獲枠。

** 和歌山県のみの許可数で、2022年9月1日から2023年8月31日までの頭数。

*** 南方系のマゴンドウ（33頭）と北方系のタッパナガ（36頭）の合計。

が一般的である。「日本では」と限定するのは、大きさの境界は同様である一方で、英語圏では日本でいうイルカ類のうち、吻《ふん》と呼ばれる嘴《くちばし》があるものをドルフィン（dolphin）、吻のないものをポーパス（porpoise）と区別しているからである。*2

太地でゴンド／ゴンロと呼ばれ、巨頭などと書かれたりするゴンドウ類は、クジラとイルカの中間的な存在であり、日本に独特の分類である。そのことは、英語名と比較すれば、よくわかる。たとえば、コビレゴンドウ（Short-finned pilot whale）とオキゴンドウ（False killer whale）は体長五メートル前後であり、まさにクジラと呼ばれるにふさわしい。他方、カズハゴンドウとユメゴンドウは、体長が三メートル未満であるにもかかわらず、それぞれ「Melon-headed whale」、「Pygmy killer whale」と名づけられ、クジラと認識されている。体長三〜四メートルのハナゴンドウが「Risso's dolphin」とドルフィンあつかいされているのはよいが、ハナゴンドウに吻はない。通常の命名法にしたがえば、ポーパスと呼ぶべき形態だ。

このように形態と名称とは、つねに一致するわけではない。もちろん、日本語と英語の分類とが一致する必要もない。そうした文化的相違をこえ、生物を系統的に分類するための共通語として学名が存在しているからである。

鯨種にこだわるには理由がある。それぞれの種には、進化の過程で獲得した生態的特徴があるはずなのに、そうした個別性を捨象し、「クジラ」や「イルカ」といった抽象的なイメージがひとり歩きしているように感じられるからである。

そうした実状を憂いたノルウェー人文化人類学者のアルネ・カッラン（Arne Kalland）は、一九九〇年代初頭にスーパーマン（超人）をもじったスーパーホエール（超鯨）という概念を提唱し、鯨類と人類の関係性の濃淡をあきらかにする必要性を説いた*3［4］。

かれの説明はこうだ。環境保護運動家と動物愛護活動家は、クジラ（the whale）と単数で語りたがる。「クジラは世界最大の動物であり、大きな脳をもつ。人なつっこくもあれば、歌いもする。そんなクジラが人間によって脅かされている」と。しかし、そのようなマルチなクジラなど、現実には存在しない。それは架空の創造物、スーパーホエールなのである。

たしかにそれぞれの鯨種は、固有な特徴を有している。たとえば、世界最大の動物はシロナガスクジラだし、頭が大きいのはマッコウクジラである。人なつっこいのはコククジラ、歌うとされるのはザトウクジラだ。絶滅の危機にあるのはセミクジラである。

マグロ類にたとえてみよう。いわゆる「マグロ」は、マグロ属八種のうちクロマグロ、タイセイヨウクロマグロ、ミナミマグロ、メバチ、ビンナガ、キハダの主要六種を指す。日本の消費者感覚ではマグロとカツオを区別するのが一般的であるが、水産学ではカツオ属のカツオ、ヒラソウダ、マルソウダ、スマ、ハガツオもマグロの仲間（マグロ類）とするのが一般的である。

当然ながら、魚種ごとに近海／沖合、表層／中層などといった生息環境も異なるため、漁法も延《はえ》縄《なわ》から一本釣り、巻き網まで多様となるし（本書でたびたび登場したケンケン漁も、そのひとつだ）、漁期も異なってくる。魚種によって魚体サイズはもちろん、魚肉の質と色、用途、価格など、すべてが異なるわけだ。年末年始に話題となる青森県大間のマグロも、世界ではじめて完全養殖に成功した近大マグロも、本鮪《ほんまぐろ》とも称されるクロマグロである。他方、スーパーで目にする天然ものはメバチやビンナガ、キハダである。「ツナ缶」の原料となるのは、大規模な巻き網で一網打尽にできるビンナガ、キハダ、カツオあたりである。

具体例をあげたい。つい先日、わが家の食卓に並んだのは、最寄駅に隣接した大手スーパーで購入したカツオのたたき(一〇〇グラムあたり二六八円)であった。パックに貼られたラベルによれば、そのカツオは、太平洋のどこかで漁獲され、静岡県内の漁港に水揚げされたものであった。同スーパーでは、おなじく太平洋のどこかで漁獲され、静岡県内の漁港に水揚げされたビンナガ(一〇〇グラムあたり二三八円)と、インド洋のどこかで漁獲され、台湾の漁港に水揚げされたメバチ(一〇〇グラムあたり四九八円)も売られていた。もちろん、実態不詳のスーパーツナ(超鮪)など、並ぶべき棚は存在しない。

カッランの機知に富んだ批判的精神に、わたしは生物多様性のなんたるかを学んだといってよい。その経験から、わたしは「逆《さかさ》スーパーホエール」とでも表現すべき現象を憂慮している。捕鯨を「日本の伝統」と主張する人びとが根拠にあげるのは、①およそ六〇〇〇年前の真脇遺跡(石川県能登町)から大量出土したイルカ類の頭骨に象徴される鯨類利用の歴史の長さ、②江戸時代に日本列島西部で発達した鯨組の存在と、料理や工芸品をふくむ鯨類利用の多様性、③鯨類供養や鯨塚などの人間と鯨類との精神的関係性の密度の濃さ、④本草学を中心とした鯨類理解の深化など、である[5]。

これらのそれぞれは史実である。しかし、鯨種に着目すれば、一連の言説が単純化されたモザイクであることに気づかされるはずである。たとえば、真脇人が利用したのは、もっぱらカマイルカとマイルカであった（発掘された二八五個の頭骨の九一パーセントを両種が占める）[6]。江戸時代に西海捕鯨とも称された東シナ海北部から日本海西部にかけての海域では、おもにセミクジラとコククジラ、ザトウクジラが捕獲された一方[7]、同時代の紀州ではカツオクジラ（ニタリクジラ）とマッコウクジラ、ナガスクジラをくわえた六種が捕獲対象であったように[8]、古式捕鯨には地域差があった。

捕獲対象とする鯨種が異なれば、その回遊時期や捕獲方法はもちろんのこと、鯨製品の生産と流通をふくむ捕鯨組織の経営も異なってくる。その好例が房州（千葉県南部）の醍醐組である。同組織は江戸時代の東日本で組織された唯一の鯨組であり、夏期に江戸湾周辺に回遊してくるツチクジラのみを捕獲対象とした。ときに一〇〇〇メートルちかくも潜水するため[9]、網掛け法が機能せず、銛だけで捕獲された。

高温多湿な夏期の操業でもあるし、肉色が黒みをおびているという歯鯨類に共通する特徴をもつため、ツチクジラは醤油と味醂《みりん》に漬けて干した加工品が周辺地域で消費されるだけで、生鮮肉が流通することはなかった。あくまでも生産物の中心は鯨油であり、おもに江戸市中へ出荷された[10]。

江戸時代はいうまでもなく、コールドチェーンが未発達だった時代には、生鮮肉として流通できる地理的範囲はかぎられていた（かつては赤肉も脂皮も塩蔵が一般的であった）。そのような事情から、大消費地であった大阪と指呼《しこ》の距離にあった熊野地方とは異なり、九州や長州など西海捕鯨地では鯨油生産を中心とした[11]。

このように鯨種はもちろん、鯨類と人間との関係性の多様な歴史をないがしろにする視点がスーパーホエールであり、逆スーパーホエールなのである。捕鯨問題に向きあうためには、コインの両面のような「双子の神話」を克服することが重要であり、鯨種にこだわる姿勢が肝要となる。

三　ジャパン・グラウンドと脊美《せみ》流れ

まだ新型コロナウイルス（COVID－19）の感染拡大が騒動になっていなかった二〇二〇年一月末、太地で追い込み漁に参加させてもらった。凪は冷たかったが、すでに日差しは春めいていた。「太地の海っていうのは、黒潮と陸《おか》にかこまれた池みたいなもんなんですわ」という説明を肌で感じることができた。

黒潮は古くから黒瀬川と呼ばれ、乗りいれてしまうと、伊豆・小笠原諸島はおろか、太平洋北部、はてはアメリカ大陸北西海岸にまで流されてしまいかねない。運がよければ、途中で救助されるか、孤島にたどりつくことができる。しかし、いくら水垢離《みずごり》をして神仏を拝もうとも、生還することなど奇跡にちかかった。

そんな希有なひとりが一八四一年一月に土佐沖で漂流したジョン・マン（John Mung）こと、万次郎で

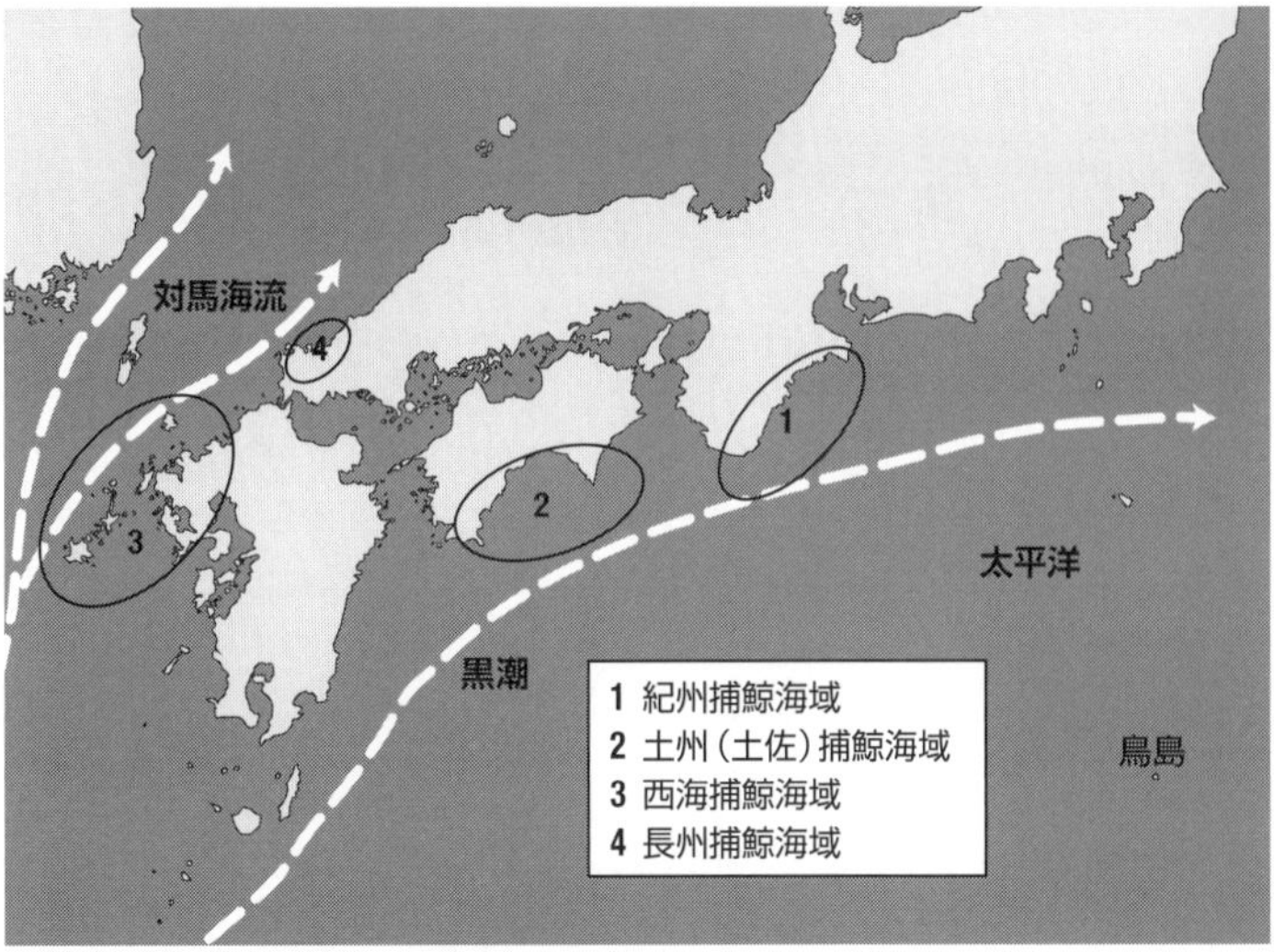

図1 主要な鯨組の所在地と黒潮、鳥島

出所：筆者作成

ある。[4] 伊豆諸島最南端の鳥島に漂着したところを、米国の捕鯨船ジョン・ハウランド(John Howland)号に救出され、当時、太平洋捕鯨の拠点であったオアフ島のホノルルを経て、ホイットフィールド(William H. Whitfield)船長とともにマサチューセッツ州はフェアヘイブンに降りたった。一八四三年五月、万次郎一六歳のことである(図1)。

この年代は重要である。というのも、米国船を中心とする外国船団が日本近海でおこなった捕鯨の隆盛期にかかわることであるし、その前哨基地たるハワイ諸島の地政学的創発にかかわることだからである。

大西洋を舞台としていた英米の捕鯨船が、アメリカ大陸南端のホーン岬を越え、太平洋に進出したのは一七八九年であった。一八〇〇年代にはいると、赤道を越えてパナマ湾に北上する一方、西はガラパゴス諸島にいたった。一八一八年、ナンタケット船籍の捕鯨船がペルー沖西方一四〇〇マイル、南緯五〜一〇度、西経一〇五〜一二五度の海域に「オフショア・グラウンド」（沖合漁場）を発見すると、はやくも一八二〇年には五〇隻もの捕鯨船が集結した［12］。

英国のクック船長（Captain James Cook）が現在のバンクーバー島付近で入手したラッコの毛皮が中国南部の広東で高く売れることに気づいたのは、クック亡きあとも航海をつづけた部下たちで、一七七九年のことである。それ以降、多数の商船が北米大陸北西海岸と広東のあいだを往復することになる。そうした「広東貿易」に参入したのは、おもにボストンを中心とするマサチューセッツ州の商人たちであった［13］。

帆船時代のことである。水や食料を補給するだけではなく、さまざまな修理も必要であった。ハワイ諸島は、そうした商船にとって格好の停泊地となった。そんな一隻が日本近海でマッコウクジラの群れに遭遇したことが、ハワイの利用価値をさらに高めることになった。

商船が発見した漁場は「ジャパン・グラウンド」（日本漁場）として知られるが、それは三陸海岸と小笠原諸島とハワイ諸島をむすぶ広大な三角形の海域を指す。偶発的な遭遇などではなく、同海域の優良性が実証されたのは、オフショア・グラウンド発見とおなじ一八一九年のことである。三一五トンのマロ号が八か月間の航海で、なんと二三六三バレル（四〇二トン）ものマッコウ油を生産することに成功したのである[*5]［14］。

後年、一八四一年に太平洋捕鯨の覇権を競っていたナンタケット島とニューベッドフォードから出漁したマッコウ船団の平均生産量が、それぞれ一四九四バレル（二五四トン）、一二八一バレル（二一八トン）であったことからすれば［15］、マロ号の業績のすさまじさと、その情報が捕鯨業界にあたえた衝撃も推察できる。*6

太平洋の東西において、ほぼ同時期に「マッコウ・ラッシュ」とでも表現すべき現象が生じたわけである。そうしたバブルをバブルたらしめたのが、ハワイ諸島の存在であった。*7

太平洋の広がりを想起すれば、ハワイ諸島の立地のよさに気づくはずだ。ハワイとニューイングランドとのあいだには、ほどなくクリッパー船による鯨油輸送システム——操業をおえた捕鯨船がハワイ諸島に寄港し、鯨油を本国に送りかえしたのち、つぎの航海にでるというサイクル——が確立した。このおかげで捕鯨船は二～五年の航海をつづけることができた。

一八三〇年、在ホノルル英国領事館は、「捕鯨船は三月から四月にかけてハワイ諸島に来港し、五月に日本に向けて出港する。日本の海岸が見える距離でおこなう操業は九月初旬ぐらいまでである。一〇月初旬にハワイ諸島に戻ってきて、一一月末まで滞在する。二月まで北緯五度～南緯一〇度の海域で操業したあと、日本出漁の準備のためにハワイ諸島に戻ってくる」との報告を残している［16］。

この報告から十年もたたない一八三〇年代末には、先述したようにマロ号のような業績は期待できなくなっていた。しかし、それでもジャパン・グラウンドに向かう捕鯨船はあとをたたず、同海域での操業は一八三〇年代～四〇年代に最盛期をむかえることとなった［17］。たとえば、万次郎も逗留していた一八四二年から四三年にかけて一七〇〇隻もの捕鯨船がハワイ諸島に寄港し、そのうち一四〇〇隻を米国船が占めた［18］。

万が一、万次郎の漂流が前後に二〇年もずれていれば、かれの運命は異なったものになっていたはずである。事実、一七八五年に土佐沖から鳥島に漂流した長平は、漂着した木材などを拾いあつめ、ようやく一二年後に自力で帰還したと伝えられるし、*8 一八四八年にベーリング海峡沖でセミクジラとホッキョククジラの好漁場が発見されると、米国の捕鯨船は北極圏をめざすようになったからである［19］。

ハワイ諸島の幸運は、ベーリング海峡漁場にも三〇日で航海できるという立地にあった（同諸島から日本までは四〇日）。そのため、ジャパン・グラウンド操業が下火になったあとも、捕鯨は一八六〇年までハワイ経済のかなめでありつづけることができた［20］。

一八六〇年以降、何故、ハワイ諸島を拠点とする太平洋捕鯨は斜陽化していったのか？ まず、日本近海のマッコウクジラにしろ、北極圏のセミクジラ類にしろ、資源状態が悪化したことが考えられる。くわえて、この時代に生じた社会経済的画期も影響した。ひとつは一八四九年にカリフォルニアで金鉱が発見されたことである。一攫千金をめざす人びとは、海原ではなく金山に夢を託すようになった（万次郎も帰国資金を貯めるため、金の採掘に従事した）。もうひとつは一八五九年にペンシルヴァニア州で油田が発見されたことである。当然ながら、鯨油は石油と競合することになった。さらには一八六一年に生じた南北戦争のため、操業可能な捕鯨船も減少した［21］。

他方、鯨油とは異なり、当時のモードであったコルセットの原料となる鯨鬚の需要は、二〇世紀初

図2　ミナミセミクジラの鬚
1818年に南アフリカ沖で捕獲されたもの。
出所：自然史博物館（パリ）にて筆者撮影〈2010年11月〉

頭まですたれることはなかった。コルセットは石油では代替できなかったからである。信じがたいことに鯨油を搾油するための脂肪には目もくれず、セミクジラ類から鯨鬚だけを抜きとって帰還する船が多発したという[22]。

南北戦争（一八六一〜一八六五年）前後の米国南部ジョージア州を舞台とする長編小説『風と共に去りぬ』には、社交にかけるレディたちの熱意が随所にえがかれている。ウエストを細く見せるため、スカーレットが召使いに「紐をもっとぎゅっと結んでちょうだい」[23]と命じるシーンを記憶されている読者もいるだろう。注意すべきは、こうした光景が米国にかぎらず、同時代の欧米世界で連夜のように繰りかえされていたことである*9[24]。

太平洋捕鯨を席巻した米国の捕鯨産業が隆盛をきわめるのと反比例するかのように、日本の鯨組は衰退していった。鯨種によって回遊ルートも異なるし、そもそも実証できる統計も存在しないため、両者の因果関係を特定することは不可能である。しかし、ジャパン・グラウンドに集結した外国船の影響がなかったはずはない。

古式捕鯨発祥の地・太地で、およそ三〇〇年もつづいた古式捕鯨の幕を閉じる契機となった「脊美流れ」(一八七八年)は、こうしたグローバルな力学と無関係ではなかった。

四　ヤンキー・ホエーラーの鯨肉観

米国捕鯨と先住民との関係史を研究するコネチカット大学歴史学教授のナンシー・シューメーカー(Nancy Shoemaker)は、米国環境史学会の権威ある学術誌『環境史研究』に「アメリカ史における鯨肉」(Whale Meat in American History)という刺激的な論考を発表している[*10][25]。

入植以来、米国東海岸のニューイングランド地方[*11]を中心に捕鯨産業が栄えたが、何故、ニューイングランド人は鯨肉を食べるという「味覚」(taste)を発展させなかったのか? そのことが、いかなる影響を世界におよぼすにいたったのか?

二点目の論点については同論文では十分に検討されていない。しかし、彼女は、ニューイングランド人が、鯨肉を自分たちの食事にとりこんでいれば、その後の鯨類管理の方向性も異なる方向に進

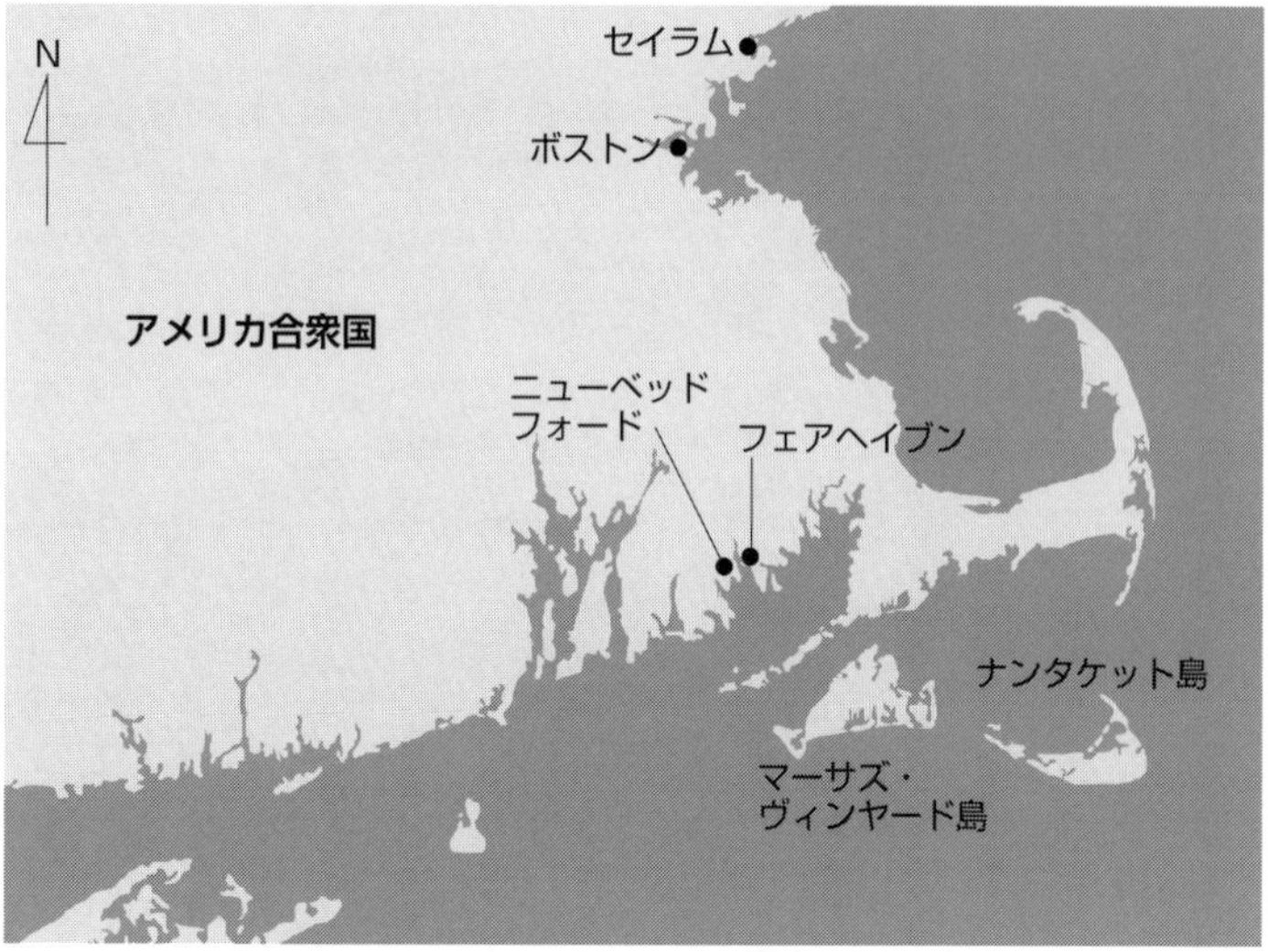

図3 ナンタケット島とニューベッドフォード

出所：筆者作成

んでいったはずで、かれらが鯨肉を食べなかったことが、結果として水産資源として鯨肉を食べる人びとにも受難を強いることになった、と仮定している。彼女の研究に通底するのは、米国の捕鯨産業が自文化の嗜好に偏った味覚をグローバル・スタンダード化してしまったことへの贖罪である[26]。

世界の鯨食について紹介したうえで、シューメーカーは、本論である「米国史における鯨食」について丁寧な議論を展開する。圧巻は「鯨肉に対するアメリカ人のどっちつかずの葛藤」(American ambivalence toward whale meat) と題した第三節である[27]。

水夫たちに給仕される食事は、「海原ビスケット」(sea biscuit) と呼ばれる堅パン、塩漬けの豚肉と牛肉、豆類、米、ジャガイモ、糖蜜、コーヒー、ダフ(布袋に小麦粉を入れて茹でた固いプディング風の茹で団子）、パイ、プディングなどで構成されていた。しかも、量が少なかっただけではなく、かび臭かったり、虫だらけだったりする、不満足なものだった。

食料不足をおぎない、単調な食生活に変化をつけるため、捕鯨者は鯨類にかぎらず、ガラパゴスゾウガメ、イグアナ、アザラシ類、セイウチ、アホウドリ、ペンギン、ホッキョクグマなども口にした（万次郎を救出した捕鯨船もウミガメ類を採捕するために鳥島に接近したらしい）。

興味深いことは、空腹を満たしただけではなく、鯨肉を捕鯨者たちが「びっくりするほどおいしい」と認識していたことをシューメーカーが発見したことである［28］。

では、かれらは、何故、日常的に鯨肉を食べようとしなかったのか？　生息地が限定されているガラパゴスゾウガメなどと異なり、食べきれないほどの量が眼前にあったにもかかわらず、である。

理由は、かれらの抱いた好感と嫌悪感とが交じりあった感情――どっちつかずの感情（ambivalence）――にあった。そのため、いくら美味であったとしても、「本質的に外来なもの」（exotic）という位置づけはゆらぐことがなかった。

どういうことか？　かれらにとっての鯨食とは、操業中に協働せざるをえなかった原始的な異人たちと生活する期間限定の食事なのであった。そもそも異人たちとの接触自体が非日常なのであり、かれらとの協働は、自身の価値観とは異なる別世界での出来事なのであった。したがって、鯨肉を食べる人びとと接触すればするほど、鯨肉に対する偏見が助長され、鯨食行為は貧困と未開／野蛮とに連想づけられていった［29］。

図4 ガラパゴスゾウガメ

1835年にガラパゴス諸島を訪問したダーウィンは、環境によって異なる嘴を発達させたフィンチ類から進化論の着想を得たとされる。食用としてビーグル号に積まれたゾウガメ類の甲羅の変異も、その着想を補強することになった。
出所：サンタクルス島にて筆者撮影〈2007年11月〉

図5 ガラパゴスウミイグアナ

イグアナ類のなかでも水中で捕食するのは、ガラパゴス諸島に生息するウミイグアナだけで、おもに海藻を食べる。うしろに見えるのはガラパゴスアシカ。
出所：サンタクルス島にて筆者撮影〈2007年11月〉

この場合の「鯨食する未開人」には、船員と現地協力者のふたつのパターンがあった。ニューイングランド人たちは、アメリカ先住民、アフリカ系アメリカ人にくわえ、ケープベルデ（カーボベルデ）人、ハワイ人、そのほかの世界中からリクルートされた船員と寝起きをともにし、働いていたわけである。こうした乗組員間の多様な民族性が、捕鯨者間の味覚の相違をあきらかにし、そのことが揉めごとの原因となりえたことは想像にかたくない。

当時、一般的であった三〇〇トン級の帆船には三〇名前後が乗船していた〔30〕。次節で紹介する『白鯨』（一八五一年）の場合、ピークオッド号の船長エイハブの出身地は不明であるが、一等航海士のスターバックはナンタケット島、二等航海士のスタッブはケープコッド、三等航海士のフラスクはマーサズ・ヴィンヤード島と、いずれもマサチューセッツ州の出身であった。[*12]

水夫たちはどうであったのか？　それぞれの人数は不明であるものの、[*13]米国出身者としてはナンタケット島とロングアイランド島（ニューヨーク州）の白人水夫にくわえ、先住民の銛打ち、アラバマ州出身の黒人少年、ヴァージニア州出身の老いた黒人コックである。

ニューイングランド人と出自をおなじくするアングロサクソン系かどうかは別としても、白人水夫の出身地としては、イングランド、マン島、北アイルランド、アイスランド、デンマーク、オランダ、フランス、スペイン、ポルトガル、マルタ島、シシリー島が認められる。

これ以外では、大西洋上の孤島でもあるアソーレス諸島とケープベルデ諸島出身者もいれば、南太平洋のタヒチ人もいた。中国とインド（ペルシャか？）出身者にくわえ、「トラのような黄色の肌をした野蛮人」と形容されたフィリピン諸島人《マニラメン》もいた。

主人公のひとりクィークェグは一等航海士が差配する一番船の銛打ちで、南太平洋の架空の島ココヴォコの出身とされており、オーストロネシア人らしく、立派な入墨がほどこされていた。三番船の銛打ちのダグーは、深夜にスタッブに命令されて、舷側に固定され、サメが群がる鯨体から尾の身を切りとった猛者である。かれはピークオッド号のアフリカ停泊中に志願してきた体長二メートルちかい大男であった[*14]［31］。

つぎに現地協力者である。米国捕鯨があらたな漁場を開拓するにつれ、南太平洋でも、北太平洋でも、つぎつぎに現地の住民たちを捕鯨業にまきこんでいった。捕鯨者たちの関心は鯨油と鯨鬚だけであったので、鯨肉や内臓は惜しげもなく住民にふるまわれた。

しかし、こうした相利共生が、ある種の社会階層を生みだした。イヌイットとともに北極圏で捕鯨をおこなった、ある船長は、みずからの食事を「文明食」(civilized food)と位置づけたうえで、以下のような記録を残している。

> わたしたち白人は怪物のような大鯨をしとめたことに誇りをいだいた。肌の濃い人びとは自分たちが手伝って漁が成功したことに歓喜した。それは大量の黒皮と、脂をとりのぞいた鯨肉(krang)とが、もうすぐ手にはいることを期待してのことだった［32］。

まとめよう。鯨肉のおいしさに気づいていた白人捕鯨者たちが鯨肉を忌避したことについてのシューメーカーの見解は以下のとおりである。かれらは文明世界に住んでいることを自負していたため、未開人／野蛮人である南太平洋や北太平洋の人びととは異なる存在であることを、みずからに再認識させるために、飢餓感に抗してまで鯨肉を忌避したのであった。

五 美食家スタッフ

ニューヨーク出身の作家ハーマン・メルヴィル（Herman Melville〈一八一九～九一年〉）による『白鯨』（*Moby-Dick; or the Whale*〈一八五一年〉）は、長短さまざまな一三五の章（に終章）からなる長篇小説で、アメリカ文学の金字塔とも評される大作である[33]。白くて巨大なマッコウクジラ――モービィ・ディック――に左足を奪われたエイハブが、年老いてもなお復讐するために執念深く追撃し、三日間の死闘の末、巨鯨もろとも太平洋の藻屑と消える筋書きである。

物語は、メルヴィル自身が一八四一年一月から四二年七月までの一八か月間、捕鯨船の乗組員としてフェアヘイブンを出港し、南太平洋でマッコウクジラを追った経験[*15]と鯨類に関する博物誌的叙

図6 JARPNⅡで捕獲されたマッコウクジラ（2000年8月）
モラトリアム発効後、北西太平洋における捕獲調査では、2000年から2013年に56頭が捕獲された。
写真提供：（一財）日本鯨類研究所

図7 マッコウクジラの群れ（2001年10月）
鬚鯨類と異なり、歯鯨類は群れを形成する。マッコウクジラは
2〜40頭のクラスターと呼ばれる群れを形成する。
写真提供：（一財）日本鯨類研究所

図8 ミンククジラのステーキ

ノルウェーではステーキが一般的な鯨肉の料理法。
180グラム前後のカットで、3,000円前後が相場
出所：トロムセにて筆者撮影〈2018年8月〉

述とが織りなされて展開する。語り手をつとめるのは、メルヴィルの化身ともいうべきイシュメールなる新米乗組員である。

絶頂期にあった米国捕鯨のなんたるかを臨場感たっぷりに語る同書は、『種の起源』（一八五九年）によってダーウィン（Charles Darwin）が進化論を唱え、自然科学が体系化されていく以前のこととはいえ、当時の欧米社会における鯨類の生物学的理解の水準を伝えてくれる[*16]。

興味深いのは、『白鯨』には、捕鯨者の鯨食観についてふれた章がもうけられていることである。第六四章「スタッブの夜食」（Stubb's Supper）と第六五章「食材としての鯨」（The Whale as a Dish）の連続した二章がそれである。

第六四章は、夕方にマッコウクジラをしとめた二等航海士のスタッブが、その日の夜間当直がおわるころ、夜食としてステーキを食べるため、すでに寝

ていた黒人コックに調理を命じるシーンで幕があけ、偏執的ともいえるスタッブの鯨食へのこだわりが披露される。船尾に設置されたスリップウェーから鯨体をデッキにあげる現代的工船とは異なり、当時の米国の捕鯨船では舷側に固定したまま鯨体から脂皮を剥ぎとり、甲板で細かく截割《さいかつ》してからトライポット（try-pot）と呼ばれる搾油釜で油をしぼっていた。舷側に固定された鯨体に接近するのは昼間でも危険な作業である。その役を担ったのは、銛打ちのダグーであった。

スタッブはなかなかの美食家だった……中略……しかも鯨の肉が大好物、舌を喜ばせてくれるその肉に全く目がなかったのだ。／「ステーキだ、ステーキを食らうぞ、寝る前にステーキを食らうぞ！　ダグーよ、舷墻《げんしょう》*17を一跨ぎに跨いで、おれのために尾の身を一口切り取って来てはくれねえかな」[34]

本書でも「尾の身」や「尾肉」といった部位が幾度も登場したように、マグロ類でいえばトロに相当する尻尾にちかい部分は、鯨肉でも脂がのった最高級部位とされる。サシが複雑にはいった高級和牛のようで、口に入れた瞬間、溶けるような食感がたまらない（口絵参照）。

尾の身はどれほど稀少なのだろうか？　スタッブが食べたマッコウクジラとは異なるが、ニタリクジラで考えてみよう。

わたしは二〇二一年六月中旬から七月末にかけて、日新丸船団（共同船舶株式会社）が三陸沖でおこなった操業に同行する機会をえた。六月一五日から七月二九日までの四四日間に八四頭が捕獲された（一日平均一・九頭）。この八四頭のニタリクジラから生産された尾の身は、一級が三〇キログラム、二級五〇キログラム、尾肉六七〇キログラム、小切れや切落としの合計三二六〇キログラムの、総計四〇一〇キログラムであった。とはいえ、「刺身クオリティ」とされる上位三等級の総計は、わずか七五〇キログラムである。赤肉類生産三九二トンの、わずか〇・一九パーセントでしかない。*18

つまり、スタッブにとっては鯨肉ならなんでもよかったのではなく、尾の身でなければならなかったわけである。そのことは、スタッブがコックに命令するくだりにつづいて、「ちなみに、抹香鯨において好まれる部位とは、スタッブも指定するように、胴体が先細になって行くその細っそりとした先端である」とメルヴィルがイシュメールに語らせるほど［35］、念を入れていることからも理解できる。

スタッブが命令するシーンの原文は、Overboard you go, and cut me one from his small!（縁を飛び越え、ヤツの細くなったところを一塊、切りとってこい！）である［36］。このように「尾の身」と訳出された部分は、「小さな部分、細い部分」意味するスモール（small）と表現されているだけである。

鯨肉になじみない英語圏の読者が、偏執的ともいえるスタッブのこだわりをどこまで理解できるのか、疑問ではある。しかし、作者のメルヴィルは、乗船中にさまざまな部位を食してみて、この「スモール」な部位こそが絶品であることを体験していたからこそ、このシーンを想起することができたわけだ。

したがって米文学者の千石英世が日本語の読者に向かって「尾の身」と訳したのは慧眼《けいがん》である。このことによって、わたしたち日本語訳の読者は、第六四章の主題である「スタッブの美食家ぶり」をあますことなく理解できるからである。

『白鯨』は、これまでに少なくとも一一名の文学者・翻訳者が邦訳を発表している*[19]（文庫判として広く流通しているのが八訳にのぼることも、同書が親しまれていることを物語っている）。

スモールと第六四章のタイトルの訳を表2にまとめた。「尾の身」以外では、「尻尾」が最多の五訳、

図9 ニタリクジラの尾の身を成形する岩井玉雄さん

出所：日新丸にて筆者撮影〈2021年6月〉

表2 『白鯨』第64章におけるsmallと章題の訳出一覧

訳者	small	刊行年月	頁	章題	シリーズ
田中西二郎	尻	1952.01	61	スタブの夜食	新潮文庫・下巻
富田　彬	尻尾の肉	1956.01	61	スタッブの夕食	角川文庫・下巻
阿部知二	尻尾のところ	1957.03	162	スタッブの晩食	岩波文庫・中巻
宮西豊逸	尻尾のところ	1959.01	410	スタッブの夜食	世界名作全集11（平凡社）*
坂下　昇	ケツのところ	1973.06	580	スタッブの晩餐	講談社文庫・上巻
高村勝治	腰んところ	1973.07	52	スタッブの夕食	旺文社文庫・下巻
幾野　宏	尻尾のところ	1991.01	287	スタッブの夜食	集英社ギャラリー「世界の文学」16
野崎　孝	尻尾のところ	1994.02	293	スタッブの夕食	新装　世界の文学セレクション36（中央公論社）
原　光	尻	1994.09	326	スタッブの晩餐	八潮版　アメリカの文学21（八潮出版社）
千石英世	尾の身	2000.06	61	スタッブの夜食	講談社文芸文庫・下巻
八木敏雄	尾の身	2004.01	244	スタッブの夜食	岩波文庫・中巻

出所：筆者作成。
＊現時点では未見ではあるものの、新潮文庫として1971年に刊行されているようである。

「尻／ケツ」が三訳、「腰」が一訳となっている。尻尾《しっぽ》では、後述する尾羽《おば》と区別しづらい。腰もくびれた部分を想起させ、なまめかしくもあるが、鯨類に腰はみとめがたい。美食譚を語るのに尻やケツは無粋にすぎる。

もっとも、これだけの長編小説を翻訳してくれたことに敬意を示すべきであり、訳語の一字一句に目くじらをたてるのは、訳者に対して失礼というものである。翻訳の労をとってくれたからこそ、わたしたちは多様な『白鯨』にふれることができ、訳者のそれぞれが工夫を凝らした訳文を味わうことができるわけである。

とはいえ、ここはスタッブ、いやメルヴィルの鯨食へのこだわりを讃えるためにも、尾の身と訳してもらいたかった。本節で検討する「味覚」の問題と直結することだからである。

おなじ意味において、章題のサパー（supper）にしても、辞書どおりの「夕食」や「晩餐」ではなく、いかにも夜間当直を想起させる「夜食」がふさわしい。第一、船長以下の士官がキャビンでとるディナーに鯨肉が給仕されるわけがない[*20]（このことこそが、米国と日本の鯨肉に対する文化的相違である）。スタッブがコックに命じて、尾の身ステーキをこしらえさせることができたのは、あくまでも上司である船長と一等航海士が就寝中であり、二等航海士のスタッブがピークオッド号を支配していたからこそ、のことであった。そうでなければ、私的な用事のためにコックを使役することなど、ゆるされるわけがない。

また、当直中だったからこそ、クロスがかけられたテーブルで優雅にステーキを楽しんだのではなく、「抹香の鯨油を燃やすカンテラ二器の照明のもと、巻揚機《カプスタン》をテーブルとして、スタッブは立ったまま抹香鯨の夜食」を食べざるをえなかったのである［37］。

牛丼よろしく、安く、素早くステーキを食べさせることを売りにするステーキ・チェーンでは当然のことかもしれないが、うどんや蕎麦などファーストな「立ち喰い」になじんでいるわたしたちからしても、異様な光景にうつる。もちろん、この奇態を強調することが、メルヴィルのねらいだったにちがいない。

スタッブのこだわりはつづく。

「爺さんよう、ちっと火の通りすぎじゃないか？　それに、ちと柔らかいね、肉を叩き過ぎたな」……中略……「いつもおれがいっておるだろう？　うまい鯨ステーキとは、かために限るものだとな」［38］

「ようし、そこでだ、料理人の爺さんよ、おまえの料理した鯨ステーキはな、あまりにまずい。だから、おれとしては見るのもいやだった。だから、おれは出来るかぎり早いところ、こうして片付けてしまったのだ。ほら、分かるな？　今後はだな、おれが、このおれだけのテーブルたる巻揚機《カプスタン》でだな、おれだけの食事を摂るときはだ、火を通し過ぎて肉をだめにしないように、焼き方を伝授しておくぞ、いいな。まず、一方の手に肉を持つんだ。次に、火挟みで赤々とした石炭を摑んで、それを炙《あぶ》る。それで終わりだ。あとは皿に盛る。いいかな?」[39]

驚いたことにスタッブの好みは、レアどころか、表面を炙っただけの刺身のような尾の身だというのである。こうしたスタッブの美食家ぶりについて、シューメーカーは、「メルヴィルの描写は彼一流の、非現実的で過剰な一例」と揶揄し、その証拠として「マッコウクジラのステーキなど、生涯に一度でたくさんだ」とする水夫の記録を紹介している[40]。

しかし、スタッブが所望したのは「尾の身」であって、ほかの部位ではなかったことを彼女は見落としている(同時にその水夫が不味いと嘆いた部位も同定していない)。特定の先住民以外、いまや鯨肉を所持することさえも、法律に反する米国のことである。シューメーカー自身も鯨肉に親しんでいるはずはなく、尾の身はおろか、部位のちがいが認識できていないようである。

というのも、この指摘につづき、セミクジラ類(セミクジラとホッキョククジラ)を食べた白人船長の記録が紹介されているが、ここでも部位について説明していないからである。「尻尾のちかくで、背側からふたつの肉塊が採取できる。だいたい五〇〇から六〇〇ポンド(二二〇〜二七〇キログラム)である。このテンダーロインのような肉は食べるのに適しており、色も牛肉にそっくりである。ステーキにしたり、ハンバーグにしたり、多めの塩漬け豚肉と混ぜて団子にして揚げる」[41]

まさしく尾の身である。スタッブ同様、この船長も「ちがいがわかる」捕鯨者であった。

ところが、鯨食漢たるスタッブのこだわりは、尾の身だけではなかった。

「さてそこで、あそこの鯨を解体する明日はだ、おまえは必ず立ち会ってだ、鰭の先を手に入れてだ、酢漬けにしろ。いいか？　それからな、尾の先も手に入れてだ、塩漬けにしろ、いいな」

「爺さん、明日の夜、おれの深夜夜直のときはな、カツレツで行こう。いいな。……中略……明日の朝だ、明日の朝飯はだ、鯨肉の肉団子で行こうな、え、忘れるなよ、いいか」[42]

翌日の早朝に予定されている鯨体の解剖に際し、①厨房《ギャレー》に籠もっていないで、甲板上で解剖に立ちあい、②手羽《タッパ》は酢漬けにし、③尾羽《オバ》は塩漬けにするように命じている（スモールを尻尾と訳すと、尾羽との相違があいまいとなることは先述した）。

尾羽も尾の身に負けず本書に頻出したように、日本では薄切りしたものを湯がき、酢味噌や酢醤油で食べる。夏に冷涼感をあたえてくれる一品である。現代風だと、水菜などと一緒にサラダドレッシングをかけてもいける。

共同船舶元砲手で、見習い砲手時代にマッコウクジラの捕獲経験もある武田慎太郎さん（一九七〇年生まれ）によれば、鬚鯨類とくらべてマッコウクジラの尾羽は、白くてやわらかく、おいしいとのことである（ステーキも「マッコウクジラ肉がいちばん」と断言する武田さんは、まるでスタッブのごとくである）。

手羽については、わたしは食べた経験がない。日新丸では、ニタリクジラの手羽の一部の肉を脈《みゃく》壺《つぼ》と呼び、製品化していたが、もったいないことに食べるのを失念してしまった。武田さんは、「甘辛く炊いたものや、肉じゃがみたいなもの」に料理して食べたというし、母船で鯨肉製造加工にあたっている松尾幸康さんは、「刺身もいいし、茹でてさらしてポン酢か、味噌漬けがよい」という。

それにしても食い意地と表現すべきか、美食家の執念と理解すべきなのか、スタッブの鯨肉へのこだわりは驚異的である。捕獲した日の夜食は超レア・ステーキ（bleu）、捕獲からまる一日以上たった場合はカツレツ（cutlets）、と指定するように、鮮度に応じて「尾の身」の料理法を変えるあたりがにくらしい。しかも、朝食に鯨の肉団子（whale-balls）まで要求する。鯨肉団子とは、鯨の挽肉——ときには塩漬け豚肉を混ぜることもある——を丸めたものを揚げたスナックである[43]。ビールにあいそうだが、さすがに朝から一杯といくわけにはいくまい。しかし、それこそが鯨食狂スタッブの美食家たる所以なのである。

第六四章は、一九世紀の米国による太平洋捕鯨の権力関係を例示してもいる。それでなくとも、船長を頂点とする階級社会のことである。士官である二等航海士の命令は、下級船員のコックには絶対服従すべきことであった。居住環境も、労働環境も向上し、プロの料理人として雇用される近代捕鯨時代のコックとは異なり[44]、一九世紀の米国捕鯨船における調理番には操業中の事故で手足が不自由となった船員がつくことが少なくなかった。その典型が、この場面に登場するコックである。自称九〇歳（!）のフリースは、膝が悪く「樽の箍《たが》を真っ直ぐ叩き伸ばして作った火挟みを、杖代わりに突きながら」[45]ふらふらと歩く老人であった。そんな老人でも調理番がつとまったのは、とくに凝った料理をつくる必要もなく、「コックはお湯を沸かす術さえ知っていればよい」[46]、という労働環境だからであった。塩漬け肉を豆類と煮込むことができれば十分だった、ということだ。

さらには白人と黒人という人種間の問題もあった。リンカーン大統領が奴隷解放を宣言したのは南北戦争中の一八六三年一月のことで、メルヴィルの航海は、その二〇年もまえのことである。いくら奴隷制を認めていない自由州マサチューセッツに船籍をおく捕鯨船であったとはいえ、捕鯨船内での白人と黒人の関係性はいかようであったろうか？　スタッブがフリースに対して高圧的に命令するかと思うと、父のように「分かるな?・」(you see that, don't you?) や「いいかな?・」(d'ye hear?) などと諭しているのは、こうした二重の権力関係によっている。

六　ドーナツ、クリスプ、パンケーキ

メルヴィルが鯨肉を賞味する役柄をえがいたのはスタッブだけである。しかし、第六五章でイシュメールに以下のように語らせている。

> 鯨捕りたちは皆、こうした鯨の脂肪を食用とする術《すべ》を心得ていて、いったんこれを他の食品に染み込ませるのである。つまり、深夜、長時間にわたる精油の当直中などに、大釜で脂肪を煮出しているとき、そこへ堅パンをほうり込むというのが多くの水夫の使う術《て》である。しばしの間浸しておくと揚げパンになる。おれも、この術で旨い夜食にありついたものだ[47]。

この食べ方は、一般的にドーナツ（doughnuts）と呼ばれ、航海用に焼かれた堅パン（sea biscuit, hardtack）を、鯨油釜で沸騰している鯨油に浸して食べるものである。鯨油が売り物である以上、船長としては、ドーナツを奨励することはできなかった。しかし、その分、鯨油生産が八〇〇〇バレル（一三六トン）や一〇〇〇〇バレル（一七〇トン）に達成した画期を祝う際にふるまわれた。カリカリを意味するクリスプ（crisp）や揚げ物を意味するフリッター（fritter）と呼ばれた、日本でいう煎粕《コロ》も、船員のなぐさみとなった[48]。

> 鯨の脂身はたしかに柔らかくて甘くて、また頗る滋養に富んでいる。……中略……イギリスの捕鯨船が何かの行き違いで船員を何人かグリーンランドに置き去りにしてしまった。このとき、置き去りにされた連中は、鯨の屑肉を食べて数ヵ月のあいだ命をつないだとい

うのだ。屑肉は、捕鯨船が鯨油を絞った後、陸上に捨てていったもの……中略……オランダの捕鯨船では、こうした屑肉は〝揚げ菓子〟と呼ばれ珍重されている。むろん新鮮なものでなければならないが、新鮮なそれは、確かに、色はこんがりとした茶色で歯ざわりが好くて、……中略……見た目にもおいしそうで、いかに禁欲的なひとでも、またそれが本当はどういう食べ物か見当がつかなくとも、ついつい手が出てしまうようなものだ[49]。

シューメーカーはパンケーキ（日本風にいえばホットケーキ）なる食べかたも報告している。これは脳味噌の料理で、一度味わうと病みつきになったらしい。もっとも、たいていの初心者はビビってしまい、口にすることはなかったようだ[50]。

パンケーキという名称は使用していないが、イシュメールもつぎのように語っている。

抹香鯨で小型のものの場合、その脳味噌は絶品とされている。斧で頭蓋骨を二つに割ると、丸々として白みがかった脳葉が二つあらわれる（まさに大きなプリンが二つというにふさわしい）。それを取り出し小麦粉と混ぜて調理すると実に美味しい一品ができあがる。食通たちのもてはやす仔牛の脳味噌料理に似た風味[51]。

江戸時代最大の規模をほこった平戸の益冨組が一八三二年に発行した鯨肉レシピ本『鯨肉調味《げいにくちょうみ》

方《かた》』には、七〇の部位が記載されているものの、具材としての脳味噌はでてこない[52]。もっとも、これは益冨組がマッコウクジラを捕獲していなかったためであろう。

七 まなざし／まなざされる存在

二〇一七年度より、一橋大学で学ぶ交換留学生に捕鯨問題を講じている。欧米、豪州、南アメリカなど、いわゆる反捕鯨国出身の学生との応答は、甲論乙駁、わたしにとっても学びの場である。興味深いのは、議論好きなかれらが、一様にシューメーカーの主張に肯定的なことである。

この手の問題に正解はない。いかほどの説得力をもち、どれほどの共感を呼びうるか、だけである。もちろん、わたしはシューメーカー説を支持している。そのことを前提として、一点だけ、異論をとなえておきたい。彼女は、一九世紀の米国人捕鯨者が鯨食について抱いた、どっちつかずの「アンビバレント」な感情を考慮すれば、鯨油や鯨鬚以外に鯨肉の国際市場が創出されなかったのは驚くにあたいしないという[53]。

「卵か鶏か」のような気もしなくはないが、わたしは逆だと考えている。米国人が参入したくなるような国際市場が成立していなかったから――一九世紀当時、鯨肉市場が成立していたのは日本のみだが、その日本は国を閉ざしていた——、商材として鯨肉を評価することもなかったわけだ。それればかりか、白人たちが鯨油と鯨鬚だけをもとめた過程で、経済的価値のない鯨肉だけではなく、そんな鯨肉を食す人びとへの偏見が助長され、かつ深化していったのではないだろうか。

一九世紀末、開国後のこととはいえ、日本海／東海で操業していたロシアの捕鯨会社は、自分たちには不要な鯨肉を長崎に輸出していた。今日までつづく老舗の業界団体・大日本水産会の『大日本水會報告』一一一号（一八九一年七月）は、「ウラジオストクの鯨肉、日本の市場にあがる」と題し、以下のように伝えている。「異人は鬚と油だけしか利用せず、肉は廃棄するが、本邦人が鯨肉を愛でる一方で、旧来の捕鯨地における漁獲が少ないことを知り、ウラジオストク港より輸出するようになった。現に長崎市内の鯨肉は、かねがね同港からの廃棄物である。船舶輸送の便があってこそのことではあるが、異人の利に敏いことには驚かされる」[54]。

四節末で紹介したイヌイットへのほどこしに自己充足する船長は、イヌイットを一方的にまなざしていたわけであるが、そのイヌイットから「いや、ホント。あの紳士然とした男性、不思議だよね。こんなにおいしいもの、食べないなんてさ」、「それよりもさ、鬚とか脂だけとって、あとは捨てるだなんて、罰あたりじゃん、ねぇ」などと、奇異なまなざしが向けられていた可能性を想像できなかったのか？

ロシア人が日本市場をいかにまなざしていたかは知りえない。しかし、長崎に出回る鯨肉が「ロシアの廃棄物」であることを自覚した同報告の、簡潔な表現「外人の利を射るに機敏なること、驚くに堪《た》へたり」からは、報告者の視線を感じることができる。
味覚に貴賤はない。シューメーカーが危惧した「鯨食の民」への偏見と蔑視――自文化の嗜好に偏った味覚のグローバル・スタンダード化――の深化と拡大は、いうまでもなく、現在も進行中である。そうした現状を憂慮する彼女は、のちに「食帝国主義」(food imperialism)とまで踏みこんだ表現をするにいたっている[55]。
本書は私的な領域である「食」に着目し、捕鯨と鯨食にまつわる個人史を編んだものである。シューメーカーの主張する「親密でくつろいだ環境」(intimate environment)から歴史を再構築しようとする試みに共鳴したからである。わたしの鯨食遍歴を披露することから本稿をおこしたのも、その一環である。

「先生、わたしは今後もベジタリアンでいると思いますが、本国では聞けそうもない話を聞き、いろいろと考えることがありました」

英国から来たベジタリアンの留学生が、帰国する直前に発したことばである。本稿が、食研究(food studies)への関心を喚起するとともに、鯨肉を食したことのない／食すことのできない環境にある人びとと対話を重ねていくための一助となればさいわいである。

注

＊1　捕鯨業は大臣許可漁業であり、追込網漁業と突棒漁業は知事許可漁業である。そのため、表1では和歌山県漁業調整規則で採用された名称を使用した。以下では慣例にしたがい、追い込み漁と記す。

＊2　吻をもつのは、スジイルカ類やマイルカ類、ハンドウイルカ類である。他方、ネズミイルカ類やスナメリは吻をもっていない。

＊3　カッランがスーパーホエール論を展開した一九九〇年代初頭における国際捕鯨委員会（ＩＷＣ）の政治については、拙著（「日本近代捕鯨史・序説――油脂間競争における鯨油の興亡」『国立民族学博物館研究報告』四七巻三号、二〇二三年）を参照のこと。

＊4　ジョン万次郎は、井伏鱒二が小説「ジョン萬次郎漂流記」（一九三七年、第六回直木賞受賞）で使用した名称である。実際には白人捕鯨者たちが雇ったフィリピン諸島や南太平洋諸島出身の人びとにトミー・マニラ（Tommy Manila）などと名づけたように（文献［13］52頁）、万次郎はJohn Mungと呼ばれていた。ジョンは船名から、マンは万次郎からとられたわけである。帰国後、幕府にかかえられると、故郷にちなんで中濱姓を名乗るようになった。万次郎の漂流体験は、『漂巽紀略《ひょうそんきりゃく》』（講談社学術文庫、二〇一八年）で読むことができる。

＊5　鯨油の生産量は慣習的にバレル、重量は英トン（ロングトン）で表記される。一バレルは六分の一英トン、一英トンは一〇一六キログラム（二二四〇ポンド）、一バレルは一七〇キログラムに相当する。

＊6　一八四〇年代〜一八五〇年代、米国の捕鯨船は毎年三〇万〜四〇万バレル（五一〇〇〇〜六八〇〇〇トン）の鯨油を生産したことから（文献［44］635頁）、一隻あたりの平均は四三〇〜六七〇バレル（七三〜一一四トン）であったと試算できる。

＊7　楽園として知られるハワイの歴史は、収奪的な資源採取型経済と無関係ではない。一八一〇年にカメハメハ大王がハ

ワイ諸島を統一することができたのは、ラッコ船の寄港地として繁栄しただけではなく、ハワイ諸島に自生していた香木の白檀をもとめる白人商人から高性能な重火器を入手できたことによっている（後藤明『カメハメハ大王――ハワイの神話と歴史』勉誠出版、二〇〇八年）。乱伐により白檀が減少すると、捕鯨船がもたらす収入の政治経済的重みは増加した。

＊8 現在、鳥島はアホウドリの生息地として天然保護区域に指定されており、立入禁止となっている。探険家の髙橋大輔は、著書『漂流の島――江戸時代の鳥島漂流民たちを追う』（草思社、二〇一六年）において、鳥島が漂着ルート上にある蓋然性を説いている。なお、小説家吉村昭の『漂流』（新潮文庫、一九八〇年）は長平を、『アメリカ彦蔵』（新潮文庫、二〇〇一年）は一八五〇年十月末に熊野沖で流され、同年末に商船に救助され、翌年二月初旬にサンフランシスコに到着した彦太郎を、三浦綾子の『海嶺』（角川文庫、一九八六年）は尾張出身の音吉が一八三二年一一月に遠州灘で漂流し、およそ一年後に北米大陸北西海岸に漂着した実話を小説化している。後述する春美流れの生存者八名は伊豆諸島の神津島で救出されている。太平洋捕鯨と漂流民との関係については、別の機会に論じてみたい。

＊9 『風と共に去りぬ』よりも一〇〜二〇年後の中西部の開拓地が舞台となっている『大草原の小さな町』（ローラ・インガルス・ワイルダー、岩波少年文庫、二〇〇〇年）にも、大学進学を控えたメアリ用のドレスとコルセットを、母と妹のローラがつくる、つぎのようなシーンがある。「かあさんがメアリのドレスの縫いめを返し縫いし、ていねいにアイロンをかけてのばすと、ローラはクジラ骨で作られた芯を袖下の縫いめと胴着のダーツの縫いめに縫いつけた。縫いめにどんな小さなしわも作らずに、芯がでこぼこしないようにその両端を縫いつけようとして、ローラはとても苦労した」（一三〇頁、傍点引用者）。傍点をふったクジラ骨はwhaleboneの直訳であろうが、このwhaleboneはbaleenとも呼ばれる鯨鬚と訳さねばならない。スカーレットが夢中となった派手な社交とは無縁であった開拓地の寒村でさえも、鯨鬚製のコルセットが必須アイテムだった様子が看取できる。鯨鬚の利用は多岐にわたったが、傘の骨材としての需要も高く、メルヴィルも「雨傘なるものは、鯨鬚を使って天幕を張ったものにほかならない」と喝破している（千石英世訳『白鯨』下巻、講談社文芸文庫、二〇〇〇年、一四八頁）。なお傘の歴史については、T・S・クロフォードの『アンブレラ――傘の文化史』（八坂書房、二〇〇二年）を参照のこと。

＊10　シューメーカーには、ニューイングランド南部の先住民に継承されている捕鯨の記憶を編んだ *Living With Whales: Documents and Oral Histories of Native New England Whaling History* (University of Massachusetts Press, 2014) をはじめ、そうした先住民が南太平洋で接触したアイランダー（島びと）との関係史研究（N. Shoemaker (2015) *Native American Whalemen and the World: Indigenous Encounters and the Contingency of Race*. Chapel Hill: University of North Carolina Press）にくわえ、米国の貿易船とフィジー人との接触史（N. Shoemaker (2019) *Pursuing Respect in the Cannibal Isles: Americans in Nineteenth-Century Fiji*, Ithaca: Cornell University Press）などの著作がある。先住民史研究／捕鯨史研究という枠を越え、近年は、太平洋史（Pacific History）という壮大な枠組みにおいて一九世紀に米国が太平洋に進出していく歴史過程をあきらかにしようとしている。

＊11　ニューイングランドは、メイン州、ニューハンプシャー州、バーモント州、マサチューセッツ州、ロードアイランド州、コネチカット州の六州を指すが、バーモント州は海に面していない内陸州である。捕鯨基地としてはマサチューセッツ州のナンタケット島とニューベッドフォードが双璧であったが、全米で一八二〇年代から一八五〇年代に捕鯨船を送りだした港は六〇をこえた。ニューイングランド以外でも、ニューヨーク州のコールドスプリングやニュージャージー州のニューアーク、ノースカロライナ州のエデントンなどからも捕鯨船は出港した（エリック・ドリン『クジラとアメリカ』原書房、二〇一四年、二七一－二七六頁）。

＊12　作者のメルヴィルは、ナンタケット島の船主たちが「隔絶された孤島に住まうナンタケット島の島民にして震撼派教徒《クエーカー》、その島国根性、その偏見の深さ。ケープコッドの岬出身者か、ヴィニアドの島出身者でなければ他所者《よそもの》は一切信用しないというその度しがたい猜疑心」をもっている、とイシュメールに語らせている（千石訳『白鯨』上巻、二〇〇－二〇一頁）。

＊13　以後、『白鯨』の引用は、すべて千石英世（立教大学名誉教授）の日本語訳による。同書は文庫判とはいえ、上下巻二冊で一三一六頁もの大著である。

＊14　これ以外にもベルファスト（Belfast）出身の水夫がいるが（千石訳、上巻、四三〇頁）、このベルファストの位置は特定できていない。港町である条件を考慮すると、北アイルランドの首都、メイン州のベルファスト、ニュージーランド南

島のベルファストの可能性が想定できる。北アイルランド人はすでに登場しているので、メイン州の可能性も高く、その場合はニューイングランド人となる。

＊15 メルヴィルはマルケサス諸島のヌクヒーヴァ島に投錨した捕鯨船アクーシュネット号から水夫仲間とふたりで脱走した。デビュー作『タイピー』(一八四六年)は、このときの経験にもとづいている。

＊16 海洋文学研究者で海洋環境・海洋生物にも詳しいリチャード・キングは、『白鯨』を題材として『クジラの海をゆく探求者たち——『白鯨』でひもとく海の自然史』(慶應義塾大学出版会、二〇二二年)を著している。

＊17 転落や波浪を避けるため甲板の両舷側に設けた柵。

＊18 脂皮や畝須、内臓類をくわえた総生産量からすれば、わずか〇・一二パーセントにすぎない。

＊19 英文学者で作家の阿部知二は、一九四一年に河出書房から五一章までの抄訳を出版しているが、太平洋戦争で作業の中断を余儀なくされた。その後、阿部訳は一九四九年に筑摩書房から三巻本で出版された。これが本邦初の『白鯨』全訳であり、以後、一九八九年まで複数の出版社から阿部訳が出版されている。表2は岩波文庫判である。

＊20 二〇二一年六月中旬から四四日にわたった三陸沖でのニタリクジラ漁の操業期間中、わたしは赤身や脂皮、内臓の各種刺身、自家製鯨ベーコンはもちろんのこと、定番の鯨カツや鯨テキ(ステーキ)、鯨焼肉をふくむ一三品の鯨食を堪能することとなった(第三勇新丸に乗船した七月中旬の一週間の食事もふくむ)。刺身やベーコンなどはメインディッシュとはいいがたいが、鯨カツや鯨テキ、鯨焼肉は、まさにメインディッシュであり、乗組員にも大人気のメニューであった。

文献注

[1] B. Wu¨rsig, J.G.M. Thewissen, and K.M. Kovacs eds. (2018) *Encyclopedia of Marine Mammals*, 3rd edn., London:

Academic Press, pp. 62, 1004.

［2］日本鯨類研究所（二〇〇七）『日本近海にいる鯨類』日本鯨類研究所。

［3］太地町立くじらの博物館（公開年不詳）「熊野灘でみられる「クジラ」の仲間」太地町立くじらの博物館。

［4］A., Kalland (1992) Whose whale is that? Diverting the commodity path, *MAST: Maritime Anthropological Studies* 5(2): 16-45; (1993) Super whale: The use of myths and symbols in environmentalism, In G. Blichfeldt ed., *11 Essays on Whales and Man*, Reine: High North Alliance, pp. 5-11; (1993) Whale politics and green legitimacy: A critique of the anti-whaling campaign, *Anthropology Today* 9(6): 3-7.

［5］赤嶺淳（二〇一三）「能登なまこ供養祭に託す夢——ともにかかわる浜おこしと環境保全」赤嶺淳編『グローバル社会を歩く——かかわりの人間文化学』新泉社、四二頁。

［6］真脇遺跡縄文館（公開年不詳）「イルカ漁のムラ」〈http://www.mawakiiseki.jp/dolphin.html〉。

［7］J.K. Arch (2018) *Bringing Whales Ashore: Oceans and the Environment of Early Modern Japan*, Seattle: University of Washington Press, p. 25.

［8］太地五郎作（二〇一一）『日本の古式捕鯨』講談社学術文庫二六八〇、七〇—七六頁。

［9］T. Kasuya and T. Miyashita (1997) Distribution of Baird' s beaked whales in Japan, *Report of the International Whaling Commission* 47: 963.

［10］吉原友吉（一九八二）『房南捕鯨　附鯨の墓』相澤文庫。金成英雄（一九八三）『房総の捕鯨』崙書房。小島孝夫（一九八九）「安房地方のツチクジラ漁——漁具・漁法の語るもの」『歴史と民俗——神奈川大学日本常民文化研究所論集』四、八一—一〇六。

［11］末田智樹（二〇〇四）『藩際捕鯨業の展開——西海捕鯨と益冨組』御茶の水書房。赤嶺淳（二〇二三）「鯨食文化と鯨食習

慣の重層性——鯨食文化はナショナルなのか？」森下丈二監修『捕鯨問題群をひらく——利用・管理・法解釈』鯨研叢書16、四—三六頁。

［12］森田勝昭（一九九四）『鯨と捕鯨の文化史』名古屋大学出版会、七三頁。エリック・ジェイ・ドリン［北條正司・松吉明子・櫻井敬人訳］（二〇一四）『クジラとアメリカ——アメリカ捕鯨全史』原書房、二二七頁、二九〇頁。W.S. Tower (1907) *A History of the American Whale Fishery*, Philadelphia: John C. Wiston Co., p. 50.

［13］R. Richards (1983) The "Manilla-men" and Pacific commerce: On the vital role played by Filipino seamen in inter-regional trade in Asia of the 1800s, *Solidarity: Current Affairs, Ideas, and the Arts* 95: 47-57; F.V. Aguilar Jr. (2012) Manilamen and seafaring: Engaging the maritime world beyond the Spanish realm, *Journal of Global History* 7: 364-388; 木村和男（二〇〇七）『北太平洋の「発見」——毛皮交易とアメリカ太平洋岸の分割』山川出版社。

［14］A. Starbuck (1878) *History of the American Whale Fishery: From its Earliest Inception to the Year 1876*, Waltham: Privately printed edition, Kessinger Legacy Reprints, pp. 96, 220-221.

［15］森田（一九九四）『鯨と捕鯨の文化史』九四頁。

［16］T. Morgan (1948) *Hawaii: A Century of Economic Change 1778-1876*, Cambridge: Harvard University Press, p. 77.

［17］N. Shoemaker (2005) Whale meat in American history, *Environmental History* 10(2): 270.

［18］G. Horne (2007) *The White Pacific: U.S. Imperialism and Black Slavery in the South Seas after the Civil War*, Honolulu: University of Hawai'i Press, p. 113.

［19］森田（一九九四）『鯨と捕鯨の文化史』九四—九五頁。ドリン（二〇一四）『クジラとアメリカ』二九一—二九四頁。

［20］Morgan, 1948, *Hawaii*, pp. 76, 140.

［21］ドリン（二〇一四）『クジラとアメリカ』二六六—二六七頁、四三六—四三九頁。Morgan (1948) *Hawaii*, pp. 140-146.

[22] Morgan (1948) *Hawaii*, p. 145.

[23] マーガレット・ミッチェル[荒このみ訳](二〇一五)『風と共に去りぬ(一)』岩波文庫(赤三四二－一)、一七八－一八二頁。

[24] K. Brandt (1940) *Whale Oil: An Economic Analysis.*, Stanford: Food Research Institute, Stanford University, pp. 28-29; 戸矢理衣奈(二〇〇〇)『下着の誕生――ヴィクトリア朝の社会史』講談社選書メチエ一八九。古賀令子(二〇〇四)『コルセットの文化史』青弓社。

[25] N. Shoemaker (2005) Whale meat in American history, *Environmental History* 10(2): 269-294.

[26] Shoemaker (2005) Whale meat in American history, p.272.

[27] Shoemaker (2005) Whale meat in American history, pp. 276-282.

[28] Shoemaker (2005) Whale meat in American history, p. 277.

[29] Shoemaker (2005) Whale meat in American history, p.279.

[30] 森田(一九九四)『鯨と捕鯨の文化史』九六頁。

[31] ハーマン・メルヴィル[千石英世訳](二〇〇〇)『白鯨――モービィ・ディック』上巻、講談社文芸文庫、一六六、二八八、二九五、二九七、二九九－三〇一、三〇六、三六九、四一六－四三〇、五一五頁。千石訳(二〇〇〇)『白鯨』下巻、一二七、三六九、六三一頁。

[32] Shoemaker, 2005, Whale meat in American history, pp. 279-280.

[33] 阿部知二(一九七五)「メルヴィル」『阿部知二全集　第13巻』河出書房新社、七頁。

[34] 千石訳(二〇〇〇)『白鯨』下巻、六〇頁、ルビと注、傍点は引用者による。

[35] 千石訳(二〇〇〇)『白鯨』下巻、六一頁。

[36] H. Parker and H. Hayford eds. (2002) *Moby-Dick, An Authoritative Text before Moby-Dick: International Controversy Reviews and Letters by Melville Analogues and Sources Reviews of Moby-Dick Criticism*, 2nd edn., A Norton critical edition, New York: W.W. Norton & Company, p. 236.

[37] 千石訳（二〇〇〇）『白鯨』下巻、六一頁、傍点は引用者による。

[38] 千石訳（二〇〇〇）『白鯨』下巻、六四頁。

[39] 千石訳（二〇〇〇）『白鯨』下巻、七二―七三頁。

[40] Shoemaker (2005) Whale meat in American history, p.278.

[41] Shoemaker (2005) Whale meat in American history, p.279. 括弧内は引用者による。

[42] 千石訳（二〇〇〇）『白鯨』下巻、七三頁。傍点は引用者による。

[43] Shoemaker (2005) Whale meat in American history, p.278.

[44] E.P. Hohman (1935) American and Norwegian whaling: A comparative study of labor and industrial organization, *Journal of Political Economy* 43(5): 628-652.

[45] 千石訳（二〇〇〇）『白鯨』下巻、六三―六四頁。

[46] C.L. Draper (2001) *Cooking on Nineteenth-Century Whaling Ships*, Exploring history though simple recipes, Mankato: Blue Earth Books, p. 14.

[47] 千石訳（二〇〇〇）『白鯨』下巻、七六頁。

[48] Draper (2001) *Cooking on Nineteenth-Century Whaling Ships*, p. 20.

[49] 千石訳（二〇〇〇）『白鯨』下巻、七五―七六頁。Parker and Hayford eds., 2002, *Moby-Dick*, p. 241.

［50］Shoemaker (2005) Whale meat in American history, p.278.
［51］千石訳（二〇〇〇）『白鯨』下巻、七六－七七頁。
［52］中園成生・安永浩（二〇〇九）『鯨取り絵物語』弦書房、二七一－二七九頁。
［53］Shoemaker (2005) Whale meat in American history, p.280.
［54］大日本水産會（一八九一）「浦潮斯德の鯨肉日本の市場に上る」『大日本水産會報告』一一一、四三一。口語訳と傍点は引用者による。
［55］N. Shoemaker (2009) Food and the intimate environment, *Environmental History* 14(2): 342.

かくれた主役
ゴンドウと歩む太地の捕鯨文化
ジェイ・アラバスター

一　太地との出会い

二〇一〇年春、特派員として東京で働いていたわたしは外国人記者として太地を訪れた。

毎日がおどろきの連続であった。太地の海岸線の美しさに衝撃をうけ、細くカーブした大通りを歩きながら、すべてを包みこむ静けさにおどろかされた。

人びとは捕鯨の歴史に誇りをいだいており、町の玄関口に置かれた等身大のザトウクジラ像や、セミクジラを描いたマンホールの蓋、クジラマークの救急車まで、いたるところにクジラのモチーフがあふれている。公園にはかつて南氷洋で活躍した六三・五メートル、七〇〇トンの捕鯨船が展示されている。

しかし、不思議なことに、わたしが捕鯨についてたずねると、誰もが礼儀正しくも、毅然とした態度で拒み、短いあいさつや軽い世間話をかわすだけだった。

いまにして思えば、それは当たり前のことであった。

太地町は本州の南端に位置し、うつくしい景観で知られる南紀地方を構成する町である。一九三六（昭和一一）年に「優れた自然風景を保護する」目的で指定された吉野熊野国立公園〔1〕にかこまれる同町は、那智の滝へと向かう熊野古道大辺路《おおへち》の道中にある。

図 1 太地町の入口で訪問者を迎えるザトウクジラ像

出所：太地町漁業協同組合提供

図 2 南氷洋捕鯨で活躍した捕鯨船第一京丸

出所：太地町漁業協同組合提供

図３　太地町立くじらの博物館で展示されている
シロナガスクジラの骨格標本のレプリカ

出所：太地町漁業協同組合提供

図４　太地町のマンホールにはセミクジラが描かれている

出所：太地町漁業協同組合提供

人がやっと通れるくらいの狭い道は、何世紀も前につくられたもので、町の博物館に展示されている絵巻に描かれているものもある。こうした道は、自動車がなかった数百年前、海から吹きつける暴風から鯨捕りたちの家屋をまもるために、優雅なカーブを描いて蛇行するようにつくられたらしい。

わたしがはじめて訪れた当時、太地町の人口は約三三〇〇人であった。一〇年後の現在、約二六〇〇人に減少している。実に二一パーセントの減少率である。しかも、人口の多くが高齢者であるためか、静かでおだやかな町である。

そのような町の人びとの誇りとアイデンティティは、かつての隆盛は失われたものの、捕鯨を主要産業としてきた歴史に由来する。

当初、誰もわたしと話したがらなかった理由は明白である。「反捕鯨」の外国人活動家をはじめ、太地町に敵対的な報道と対峙してきた人びとに、突然やってきた無名のアメリカ人記者が、あろうことか、捕鯨とイルカ漁について尋ねていたわけである。

太地町が世界的に有名になったのは、二〇〇九年に米国で公開されたドキュメンタリー映画『ザ・コーヴ』(ルイ・シホヨス監督)を契機としている。同作品の評判を聞きつけ、わたしをふくむ多くのジャーナリストが、この町におしよせた。その結果、小さな漁師町は国際的に知られるようになり、何百もの記事が公開されテレビ報道もなされて、それらはインターネットを通じて世界中に拡散した[2]。

たしかに『ザ・コーヴ』は、巧みなカメラワークによって撮影された美しい風景を独自の構成で組み立てた、よくできた作品である。しかし、少し冷静な目で観てみれば、同作品がイルカ漁と捕鯨を偏った視点で描いていることは一目瞭然である。そうしたことから、日本での上映がはじまった際にも話題となり、上映を阻止しようとする抗議運動がおこり、全国の映画館で衝突がおこるなど、言論・表現の自由の問題にも発展した[3]。

出版物のなかにも、事実がいかに歪曲されているか、どのような場面で虚偽の表現がなされているかなど、細かな点まで指摘するものがある[4]。しかし、わたし自身が『ザ・コーヴ』に関してとくに気になるのは、つぎの二点である。

第一に、たとえ事実の歪曲や誇張があるとしても、「太地町にイルカを捕獲する漁師がいる」という作品の中心的主張は否定しようがない。それにもかかわらず、八七分の作品中にとりあげられる四〇本ちかくのインタビューにおいて、漁師、仲買人、イルカトレーナーなど、イルカ漁に関係する人物はひとりもとりあげられていないのである。太地町出身者へのインタビューは、近隣のホテルで秘密裏におこなわれた二名の町会議員のみである*1（そのうちの一名は、町政主流派に対する政治的な動機からインタビューに応じたことをわたしに語ってくれた）。

第二に、仮に『ザ・コーヴ』とその後の報道が完璧にバランスのとれたものであったとしても、イルカ追い込み漁をめぐる論争を回避できたかどうかは疑わしいという点である。わたしは次第に、太地でおこっていることは、ふたつの異なる世界観の衝突にほかならないと考えるようになった。「賛成」／「反対」という単純な二項対立構造におちいることなく、この問題を考えるにはどうすればよいのだろうか?

『猟師・牧畜民・ハンバーガー』(二〇〇五年)の著者で、人間と動物との関係についての世界的権威で科学技術史研究を専門とするリチャード・W・ブリエット(Richard W. Bulliet)は、世界を(1)野生動物を狩猟して消費する家畜社会、(2)食用の動物を積極的に飼育・屠殺するプレ家畜社会、(3)食肉の大量消費にもかかわらず動物の飼育・屠殺が人目につかないポスト家畜社会に分類し、食料と狩猟をめぐる衝突がおこる理由について、これらの三社会が分断されているため、と説明している。ポスト家畜社会では、飼育・屠殺が表面化する際、野蛮あるいは残酷な行為であると受けとめられるようになるからである[5]。

ブリエットにしたがえば、イルカ漁に反対する活動家の多くは、ポスト家畜社会的な思想の持主である一方で、イルカ漁をおこなう太地はプレ家畜社会だと考えることができる。こうしたイデオロギーの衝突は、動物のあつかいかたに対する基本的な考え方の相違によるものである。

地元漁師や町民の語りの欠如は、ジャーナリストや研究者が、歴史や方法など、追い込み漁そのものに関する基本的な事実だけを報告してきたことと無関係ではない。報道記者として複数の記事を書いていたわたしは、当初、このテーマを専門とする研究者の著作を参照するつもりでいた。しかし、より広範なテーマをあつかう著作のなかで簡単に言及されているものは存在しても、追い込み漁師や住民の語りに耳をかたむける研究がきわめて少ないことを知り、愕然とさせられた。漁師へのインタビューが紹介されている書籍、記事、ドキュメンタリーにしても、漁師の語りを正面からとりあげるものはなく、イルカ漁に反対する活動家からの批判に応答するかたちで構成されることがほとんどである。

そこでわたしは、おもに漁師および漁業関係者へのインタビューと観察にもとづき、小型鯨類漁に関する情報を収集しはじめた。短期間の訪問を繰りかえした数年間をへて、より詳細なフィールドワークをおこなうために二〇一四年に太地町に移住することにした。

とはいえ、当初、わたしは長期の取材旅行程度にしか考えていなかった。東京から往復七時間の移動時間をはぶき、地元にいながら取材ができる。データ収集および町のイベントへの参加も容易になる。地元で暮らすことの意義について深く考えることもなく、確固たる調査の指針ももたないまま、軽い気持ちで移住を決め、車に荷物を詰めこむと、愛猫とともに太地町に向かったわけである。

しかし、想定していた「長期取材旅行」のイメージとは異なり、太地では、はるかに深い体験をすることとなった。フィールドワークとは「地域の文化や暮らしの知恵を学ぶために、実際に地域にでかけ、地元の方々を先生として地域を教科書に五感のすべてを駆使して学ぶこと」[6]と説明するのは沖縄とアフリカでフィールドワークをおこなった文化人類学者の安渓遊地である。わたしは、まさに安渓が述べる世界を追体験することとなった。

また、太地に住んで研究を進めるという決断は、最初に考えていたよりも、はるかに大きな決断であったことを理解するようになった。安渓が指摘するように、「フィールドでの濃いかかわりは、往々にして生涯をかけたもの」[7]になりうることを、日々、実感させられている。

以上、わたしの個人的な立場とバイアスを読者にあきらかにした。オーラル・ヒストリー研究者のヴァレリー・ヨー（Valerie Yow）が「どれほど、かれらのことに本気なのか?」と題した論文で詳述するように、もっとも基本的かつ一般的なインタビューであっても、そこには取材する側のバイアスが投与されているものである。そのため、「聞き手と語り手、聞き手と語られた内容の相互作用プロセス」を意識して、語りを解釈することが重要となる[8]。

わたし自身は、「ポスト家畜社会」で生まれ育ったアメリカ人であり、東京と太地で長時間を過ごした経験を有している。そして『ザ・コーヴ』をきっかけとして太地町を訪れた多くの人間のひとりである。わたしのバイアスは、このような背景をもつとともに、太地に適応しようとしてきた試みに起因している。近年では、わたしは太地町を第二の故郷と考えるようになっており、町には多くの友人がおり、なかには家族のように思っている人びともいることを書き添えておく。

二　ゴンドウのまち

太地町は江戸時代から現在まで、ほぼ中断することなく、捕鯨に従事してきた日本で唯一の捕鯨基地である。以前にくらべると現在、捕鯨に直接関わる町民の割合は、大幅に減っている。しかし、捕鯨は町民のアイデンティティの中心にあり、鯨料理は太地に暮らす人びとの食文化の核のひとつである。

みずからを「古式捕鯨発祥の地」、「くじらの町」と銘打つ太地町では、町の出版物や公式ホームページをはじめ、セミクジラの尾を模したモニュメントや、博物館の広場に展示されているシロナガスクジラの骨格標本(のレプリカ)、あるいはイワシクジラの顎骨でつくられた神社の鳥居など、大型鯨類のイメージを積極的に打ちだしている。

巨大なクジラと戦う男たちの姿は、毎年太地湾でおこなわれる古式捕鯨の再現イベント「太地浦くじら祭り」や捕鯨をふくむ「命の危険をともなう」漁など、太地周辺の文化と歴史を記念する日本遺産[9]、あるいは太地を舞台とする小説にも登場する。*2 こうして大型鯨類を対象とした、勇壮な捕鯨と古式捕鯨のもつ懐古的かつロマンある捕鯨のイメージが、再生産されつづけてきたのである。

太地における組織的な捕鯨は、一六〇六年にはじまった[10]。以来、セミクジラやザトウクジラといった大型鯨類を対象とし、数百人が数十隻の船で捕獲する古式捕鯨が三〇〇年ちかくもつづいた。二〇世紀以降はシロナガスクジラやナガスクジラなどの大型鯨類を捕るために南極海へ向かった母船式捕鯨船団にも大勢の捕鯨者を輩出したし、沿岸ではおもにミンククジラを対象とする捕鯨もおこなわれた。

それぞれの時代の鯨捕りたちが、さまざまな大型鯨類を追ってきたわけであるが、時代とともに捕獲される鯨種と捕獲のための方法・技術が、四〇〇年にわたって変化してきたことは容易に想像できる。

こうした歴史のなかで太地町の捕鯨を独自たらしめる重要な要素のひとつは、鯨類のなかでも比較的小さくて捕獲しやすい鯨種を対象とした捕鯨であり、そこから派生した食文化である。太地町の発信する広報やキャンペーンはもとより、報道にとりあげられることはほとんどないが、江戸時代から中断することなく捕獲され、食されてきたのは、コビレゴンドウである（近年では少量ながらも、ほかのゴンドウ類も食されていることは後述する）。

コビレゴンドウは、地元では愛着をこめて「マゴンドウ」（真のゴンドウ）または「ゴンド」、「ゴンロ」と呼ばれている。よって、ほかの鯨種と区別する必要がない場合には、以下、本稿でもコビレゴンドウをさして、単にゴンドウと呼ぶことにする。

一般にクジラとイルカの区別は、日本でも海外においても大きさによる恣意的なもので、日本では一般にイルカ類は体長四メートル未満の鯨類と考えられている。また、国や言語によって、名称がクジラからイルカにかわる種もあり、ハナゴンドウは英語では「Risso's dolphin」と呼ばれる。ゴンドウはメロンのような丸い頭をもっていること、一般的なイルカ類よりもややサイズが大きいことから、「クジラ」と呼ばれている[11]。

太地町でおこなわれている捕鯨は、鯨類追込網漁業（通称「追い込み漁」）、いるか突棒漁業（通称「突きん棒漁」）、基地式捕鯨業（通称「小型沿岸捕鯨」）の三つである[12]。そのうち、突きん棒漁は、現在、参加する漁師も捕獲量も減少する傾向にある。太地で唯一の小型捕鯨船である第七勝丸も最近では、太地周辺海域で操業することはない。

その一方、追い込み漁は、太地町の沿岸漁場のみでおこなわれ、比較的に捕獲量も安定している。小型鯨類の水揚げから解体、セリ、または飼育のための生け捕りや販売まで、すべてが太地町内でおこなわれているわけである。現在、追い込み漁では九種に捕獲可能枠が設けられており、太地町および町外へ出荷するための食肉用と、水族館への生体販売用として捕獲されている[13]。

時流にともない、宮城県石巻市や北海道釧路市など全国の捕鯨地社会でも、鯨食慣行が衰退しつつある。とくに若い世代が鯨肉を食べなくなったことは、少子化現象とともに、近年に生じた大きな変化である。

しかし太地町では、今日も鯨食は顕在である。これはニタリクジラなどのように沖合で捕獲され、遠方から運ばれてくる鯨肉ではなく、近海で捕獲されるゴンドウやスジイルカを中心とする食文化である(太地町では、ゴンドウ類以外では、スジイルカのみが日常的に食されている)。

二〇一七年、新たにカズハゴンドウとシワハイルカの二種が捕獲対象に追加され、捕獲できるようになった。現在の小型鯨類の捕獲枠制度が確立する以前の一九八〇年から一九九〇年にかけて、太地でこれらの種が限定的に漁獲された記録は存在するとはいえ[14]、現役世代の漁師でそれを経験した者はいない。つまり、捕鯨者や仲買人、消費者にとっては、いわば「未知の鯨種」が新たに捕獲対象になったわけである。

以下、本稿では、江戸時代にさかのぼる太地のゴンドウ漁の歴史を中心として、太地町と「隠れた主役鯨種」であるゴンドウ類との関係について詳述する。そのうえで、漁師をはじめ、太地町漁業協同組合（以下、太地町漁協組合と記す）職員、仲買人、地元住民への聞き取り調査をとおして、「新種追加」という出来事が太地町の食事文化に与えた影響をあきらかにする。*3 第四節以降の町民の語りについては、わたしが太地町で実施した一連のインタビューにもとづいている。

三　ゴンドウ漁の軌跡

コビレゴンドウ以外にも、ゴンドウ類にはオキゴンドウ、カズハゴンドウ、ハナゴンドウ、ユメゴンドウの合計五種が存在し、太地ではユメゴンドウをのぞくゴンドウ類が捕獲されてきた。ここでは、そのなかでも一貫して漁の対象となってきたコビレゴンドウについて詳しく確認したい。

後述するように、太地町におけるゴンドウ漁の役割は、江戸時代の鯨方（鯨組）による「酒のつまみ」のための趣味の漁から、財政困難時の副業、そして現代の追い込み漁における主要捕獲対象種のひとつへと、時代ごとに変化していった。捕獲方法や漁獲量に占める重要度は変化してきたものの、太地町の捕鯨史においては、ゴンドウこそが、ほぼ途切れることなく一貫して捕獲されてきた唯一の鯨種である。

「六鯨」プラス

一七九一（寛政三）年に太地鯨方宰領の太地角右衛門頼徳がしたためた手紙の一節に、太地の捕鯨について書かれている箇所がある。

クジラは「六鯨」といって、その種類は分かれており、捕る方法もそれぞれ異なっています。しかし、紙上に示したとおり、海が入りくんだところへ追い込むか、あるいは大海に張った網に追い込んで、それから銛を打って捕獲することにはちがいありません［15］。

ここで「六鯨」と呼ばれているのは、ザトウクジラ、セミクジラ、コククジラ、ナガスクジラ、マッコウクジラ、そして今日ではニタリクジラ（当時はカツオクジラ）として知られる鯨種である。二三〇年以上前に書かれたこの短い文章からは、鯨類の捕獲における「追い込み」法の重要性、銛や網が果たす重要な役割など、今日の捕鯨にも通じる興味深い点がいくつか見てとれる（現代の追い込み漁の内容と成立経緯については後述する）。

「追い込み漁」とは、民俗学者の川島秀一が説明するように、「人間が単に魚を追って捕獲するというだけなく、ある一定の場所や袋網へ向かって魚を追い込み、捕獲する漁法」である［16］。このことはゴンドウを対象とした太地の追い込み漁にもあてはまる。*4

一八七五（明治八）年に捕鯨一家の和田家に生まれ、のちに太地家の養子となり、隣接する勝浦町（現那智勝浦町）長もつとめた郷土史家、太地五郎作による「熊野太地浦捕鯨乃話」には、この追い込み漁を詳細に描写する一節がある。

各勢子舟は尾尻舟即ち一番の総指揮舟の指揮に従うて、舟と舟と相当の間隔を置いて鯨より沖に回り、地方へ地方へと追うて来るのである。その追う方法は小さい手槌を持って舟の貫木をトントントントンと打つのであるが、その打ち方に緩急巧拙を要するのである。それはその鯨の性能を考えて俊敏のものに打つ槌と遅鈍のものに打つ槌とは非常に相違がある。鯨は聴覚の頗る鋭敏なものであるから貫木を打つ小槌の音の水を通して聞えるその響きが彼にとっては気持がよろしくないと見える。……中略……舟は鯨の沖に回って陣列をとり次第次第に陸地に近く近く攻込むのである[17]。

太地湾の地形をいかした漁法として、この当時から「追い込む」手法が意識され、援用されていたことがわかる。

こういった史料や絵巻からは、太地では「六鯨」と呼ばれた大型鯨種ばかりが捕獲されていた印象をうけるかもしれない。しかし、実際には角右衛門が六鯨にふくめなかった鯨種であるゴンドウも重要であった。そのことは、当時の絵巻には「六鯨」だけではなく、ゴンドウもしばしば登場することからも推察できる。

図5「太地浦鯨絵図」（19世紀）に描かれた「真牛頭」（マゴンドウ）

出所：太地町立くじらの博物館所蔵

ゴンドウ漁の開始時期について、『太地町史』は「明治中期の捕鯨法の転換期にはじまったものでなく、実は江戸時代の末期の捕鯨業が衰微した頃にさかのぼってはじまった」と説明している[18]。

さらにつづけて「この当時は、不漁のため鯨方漁夫は収入が減り、漁閑期には何等か収入の途を開かなければ生活に困る事態がおこっていたのである。そこで、その間羽差を中心として鯨方漁夫が副業としてはじめたのが、このゴンドウクジラ漁である」と述べる[19]。

『太地熊野浦捕鯨史』には、一九五八（昭和三三）年に、かつて古式捕鯨に従事した太地浦捕鯨の古老たちと著者が座談会をした記録が収録されている。そのなかで、古式捕鯨時代、刃刺と呼ばれた親方格の漁師が「楽しみでゴンドウを突いた」という証言が記録されている。

鯨方が盛んな時分、親方（刃刺）が商売でなく、楽しみでゴンドを突いてくると、船の人がゴンドをこまかく切って、……………ゴンドをさかなに酒を飲むのが楽しみだった。ずっと昔の話です。親方の家へ持って行くのに、四人持ち、五人持ちと言って、になって［原文ママ］持って行った。…………冨大夫沖合がこういうことでは金もうけにならん、まるたゆ（全部）売らなければと言って、親方の家へは持って行かず、浜に上げて、浜で商うようになった。それからは金もうけ主義で取りに行くようになった［20］。

まるで現代の若者が酒のつまみを買いにコンビニに足を向けるかのように、酒席をまえに「ちょっとゴンドウを捕ってくる」といった当時の様子がうかがえる興味深い証言である。同時に古式捕鯨の時代にもゴンドウ漁がおこなわれていたことを伝える貴重な記録でもある。

熊野灘への大型鯨種の回遊がなくなる晩春から中秋にいたる期間は捕鯨の漁閑期となる。その当時、不漁が重なり、収入減にあえぐ鯨方漁夫が漁閑期の生活を支える副業としてはじめたのがゴンドウ漁なのであった［21］。

古式捕鯨の終焉およびテント（天渡）船の百年

太地における古式捕鯨時代は、江戸時代の期間とほぼ一致している。古式捕鯨は、一八七八（明治一一）年に終焉をむかえたと考えるのが妥当である。太地の鯨方にとって不漁がつづいた同年一二月、船団は悪天候のなかを出漁し、親子連れのセミクジラを追いかけた。捕獲には成功したものの、百人以上の鯨捕りをはじめ、船、漁具のほとんどが失われ、町史に残る大惨事となった。[*5]

遭難事故のあとも伝統的な捕鯨をつづけようと、朝鮮半島の釜山で短期間捕鯨をおこない、成功をおさめたこともあった。しかし、捕獲しやすい大型鯨類が減少したうえ、ノルウェーから新しい技術――近代捕鯨法――が輸入され、「脊美流れ」と呼ばれるこの遭難事故を境に、太地における古式捕鯨はおわりをつげた。

かつてのように大型鯨類を捕獲しづらくなった太地の捕鯨者たちは、それまでは酒のつまみ、あるいは副業としての漁で捕っていたゴンドウに目をつけた。ゴンドウの群れが人間を警戒するようになると、新しい戦略が考案されるようになった。そのひとつが「夜《よ》ゴンド」と呼ばれた漁である。前述した古老たちによる座談会の記録には、夜ゴンドについて以下のように記されている［22、引用に際し、一部を省略し、表現をあらためた。括弧内は引用者による］。

答● 夜ゴンドというのは闇の夜、櫓船で沖へ行って、ゴンドが游ぐと尾ばきも手羽もヒキ（夜光）になるので、それをつけ廻し、やかましいうな（静かに）と言うて銛でついて捕るのです。裸でね。

問● それはいつ頃のことですか。

答● 明治四十（一九〇七）年頃のことです。

答● ゴンドの機械船になってからのことです。

答● 夜さ突き当てると友がついて三本も四本もとってくるのは常だった。

問● 闇夜じゃないといけないのですね。

答● はい、月夜はだめです。ゴンドが游ぐと、尾ばきもあおち（鯨の尾）もヒキになるのでよくわかった。

問● その当時はどんな船でしたか。

答● てんとです。丈は七尋半（一三・五メートル）くらいで、七人くらい乗込みました。

問● やはり勢子船の様な形ですね。

答● はい、勢子船の形で、櫓は五艇でした。

答● 突いて帰って来るのに、やっぱり昼のように、大きければ大きい様にしっぽへ綱を沢山巻いた。闇夜だから離すと解らなくなるので、矢縄をたぐって船のねき（脇）までひきつけておいて、おさえて銛で突いた。

太地町歴史資料室学芸員の櫻井敬人が解説するように、夜光虫は海洋性プランクトンの一種で、ゴンドウが尾や手を動かして生まれる水流が夜光虫を刺激して光が発せられることを、右の語り手は「ヒキ」と表現している（現在でも、太地および周辺地域では、春から初夏にかけて発生する夜光虫がカヤックや海水浴客の観光の目玉になっている）。漁師たちは、夜中にエンジン音をたてる船ではなく、櫓船を静かに漕ぎ、声を潜めてゴンドウの群にちかづき、夜光虫の発する光をたよりに操業したのである。

夜光虫が発生するのは春から秋にかけてである。そのため、「夜ゴンド漁」がおこなわれたのは、そんな暖かな季節であり、裸でも操業できたのだった[23]。

なお、右の語りに登場する「てんと」とは、三角形に近い形状をした木造タイプの速い船で、深い海や潮の強い海域で使われていた。明治時代から太地にかぎらず全国的に「テント船」あるいは「テントウ船」と呼ばれて使用された。その名の由来にはさまざまな説があるが、『太地町史』では、「随分遠く沖に出て行き水天ほうふつたるところまで出て働くのである、左様なところからこの舟を天渡（てんと）と命名せしならん」と、太地五郎作による一説を紹介している[24]。

明治初期には、テント（天渡）船を櫓で漕ぎ、手銛でゴンドウを捕っていたようであるが、一九〇〇年代にはいると、それまで銛による突き捕り式だったゴンドウ漁に大きな変化が生じる。当時、多くの太地町民が出稼ぎで海外にわたり、オーストラリア、アメリカ、カナダなどで真珠採り、漁師、缶詰工場の作業員、庭師といった仕事に従事した。海外からアイデアや技術をもちかえる人びともいた。そんな人物のひとりが前田兼蔵であった。

青年時代に渡米した前田は、職を転々とするなかで、鉄砲関係の仕事をし、銃について学んだ。太地五郎作による「熊野太地浦捕鯨乃話」は、前田について以下のように記述している（引用に際し、一部を省略し、かな使いを変更した）。

太地町の人で前田兼蔵と云ふ人が、元来漁夫の家に生れ、子供の時分から天渡に乗り、ゴンドウをとりに行く一員であったが、青年時代に米国に渡り種々の労働に従事するうち、銃砲に関係ある事業に従事し、そこで種々研究して一発に銛三丁飛び出す銃を発明し、のち五丁飛び出すことに改良す。その結果頗る良好にて従来の手突の銛は全部自然に廃止され、前田銃を用ふることになった[25]。

幼少のころから自宅ちかくの海でゴンドウ漁をした経験から生まれた発明は、太地町にとどまらず広範囲に影響をおよぼして、全国の小型捕鯨船でひろく使用されるようになった[26]。太地では、それまでゴンドウを突いていた櫓船のテント船に装備されるようになった。

この発明以後、前田式五連発銃を発明した前田は積極的にゴンドウ漁をおこなう。『太地町史』によれば、一九一六(大正五)年には、太地で五三一頭のゴンドウが水揚げされ、そのうち一〇五頭は前田によって射止められたものだった[27]。

おなじころ、テント船には、エンジンが搭載されるようになった。一九一三(大正二)年に町内に一一隻ほどあったテント船にはじめてエンジンがつけられると、ほかの船もすぐにそれにつづいた。これに前田式連発銃がくわわり、ゴンドウの漁獲頭数は飛躍的にのびた。たとえば、エンジンが導入される前年の一九一二(明治四五)年には一二〇頭だったゴンドウの水揚げは、エンジンが導入された年には三八一頭、以後三年間は年間で五百頭以上となった[28]。

第二次世界大戦後、捕鯨が主要産業となるにつれ、太地の鯨捕りたちは南極海などでの遠洋捕鯨に従事するようになり、テント船によるゴンドウ捕りの時代はおわりをつげた。一九六〇（昭和三五）年に太地を訪れたある研究者は、太地には三隻のテント船が残っているだけで、いずれも「道楽半分に鯨漁をつづけている現状」であるとし、つぎのように記している。

五月～九月の漁期にはよほど海が荒れないかぎり毎日出漁するのであって、彼らの夢は南極捕鯨船団への乗組にある。このような意味で太地捕鯨は南極捕鯨の習練場にすぎない……中略……太地から捕鯨会社への就職もすでに飽和点にたつしているからには、彼らの夢は必ずしもバラ色で彩られてはいない[29]。

ゴンドウ追い込み漁

テント船はおもに手銛あるいは前田式連発銃をもちいたゴンドウ漁に使用されたが、まれに別の機会も訪れた。ゴンドウの群れが岸に十分ちかづき、天候などの条件が整うと、漁師らはテント船を繰りだし、群れを岸に追い込むようになったのである。

この方法は、江戸時代に鯨方が手漕ぎ船で共同作業し、船の側面を叩いてゴンドウを太地湾、あるいは沖に張った網に追い込んだ様式と酷似している。

しかし、テント船によるこうした追い込み漁は、ごくまれにしかおこなわれなかったようである。

『太地町史』は、一九三三（昭和八）年に三回記録されており、計八六頭、一九三六（昭和一一）年には二五頭、一九四四（昭和一九）年には三五頭の水揚げがあったと伝えている。大阪府や和歌山県など遠方からも大勢の見物客が訪れ、さながらその日かぎりの水族館のようであったという[30]。

一九五一（昭和二六）年にNHKは太地町のゴンドウ追い込み漁の様子を短いニュースとして放送している。ふんどし姿でテント船を漕ぎ、ゴンドウを岸にちかづけ、陸に引きあげたゴンドウを手銛で仕留める。テント船に沿って立ちならぶ見物人たちの姿を背景に、女性アナウンサーの軽快なナレーションが入る。

紀伊半島の南端、和歌山県太地港では、七月二〇日、ゴンドウクジラを港に追い込んで、見事、四〇頭を生け捕りました。長さ三メートル、重さ百貫の小さいクジラです。このクジラ一頭が一万五〜六千円、しめて六四万円が一度に転げこみ、港は子どもたちまで総出の時ならぬクジラ景気でした[31]。

一九五七（昭和三二）年にテント船による最後の追い込み漁を観察したある研究者はそれを、太地捕鯨の「暗夜の一灯」と呼び、つぎのように記録している。

沖合でシャチに追われたごんどうくじらの大群が六隻の捕鯨船に発見され港内に追い

こまれ三二頭が生けどりになったが、このとき太地町人口四六〇〇人の二倍を凌ぐ観客が京阪神から訪れ浜が賑い、ときならぬ収入(一頭二万円前後で売却)に潤った地元民も狂喜の態であった[32]。

これ以降、テント船によるゴンドウ追い込みの記録はない。大型沿岸捕鯨に集約されていったことで、テント船は急激に減っていった。ある文献は、最後に残った一隻について、「その天渡船は、清水勝彦さんという、それこそ天渡船の王様のような砲手だった人が所有していた『勝丸』という船だった」と記している[33]。

その年、清水は捕鯨を引退するつもりであったが、町長から町の窮状を救うために、水族館用の追い込み漁の指揮をとることを要請された。太地町は、クジラに関する広範な展示をするための博物館に、クジラが泳ぐプールを併設した「くじらの博物館」を建設し、大々的に宣伝していた。しかし、一九六九(昭和四四)年の開館時には、いまだクジラを生け捕りにすることができておらず、プールは空っぽの状態だった。

なんとか追い込みによるクジラの生体捕獲を成功させようと、水中スピーカーを使ったり、缶を網にくくりつけて水中を引きまわしたり、試行錯誤したことを、当時博物館に勤務していた三好晴之と雑賀毅はふりかえっている[34]。

しかし、追い込み漁はもう一〇年以上もおこなわれておらず、残存するテント船も一隻だけであった。何か月間も失敗がつづき、痛恨の失敗劇は地元の新聞にも掲載された。

三好は、イルカ追い込み漁の経験をもつ伊豆への視察旅行を企画し、鉄管の先にラッパのようなものをつけてカンカンと叩き、水中でイルカを包囲するための音の壁をつくる方法にヒントを得、おなじようなものをつくる努力をした*6[35]。

地元の新聞記事にはそんな太地町の試みと失敗、成功が報道されており、当時の様子をいまに伝えている。そのなかの二本を紹介しよう。

「クジラ作戦失敗　太地、二頭射止めただけ」(『紀南新聞』一九六九(昭和四四)年六月二四日)

太地町は、さる四月にオープンした同町常渡半島の「くじら博物館」のプールに入れるクジラを熊野灘で捜していたが、二十一日、約三十頭の群れを発見、漁船などが出動し大がかりな生け捕り作戦を展開したが逃げられて失敗に終った。同日午前十時三十分ごろ、同町灯明沖約一・八キロで、ハマチ採取を行なっていた漁船が約三十頭のゴンドウクジラとバンドイルカの群れを見つけ太地漁協組へ連絡。直ちに太地港から小型キャッチボート「勝丸」(七トン)と漁船約三十隻が出動し悪天候のなかで四百五十メートルにわたる半円の隊列を組み、船べりや海面をたたいて太地港付近へ追い込む態勢をとった。が、クジラもさるもの、包囲陣をかるくぐって同二時ごろ外洋へ逃げた。……中略……クジラの群れが熊野灘の沿岸に現れたのは、さる三十二年八月いらい十二年ぶり。町と漁協組ではこのクジラを生け捕って同博物館前の天然プールに放し飼いしようと張り切っていただけに残念そうな表情だった。

自慢の新設博物館の水槽が空っぽのままでは、太地町にとっても恥ずかしいかぎりである。そこで、町の要請をうけた漁師が参加し、三二隻の船を動員して追い込みがおこなわれた。この追い込み成功のニュースを聞きつけて、太地町には何千人もの見物客が集まり、全国的な注目を浴びた。つぎの記事は、ついにゴンドウの捕獲に成功した際のものである。博物館オープンとゴンドウの追い込み成功に対する地元の高揚感が伝わってくる。

「みごと〝生捕り〟二一頭のゴンドウ鯨」（『紀南新聞』一九六九（昭和四四）年七月二四日、括弧内引用者）

去る六月末のクジラ生け捕り作戦が失敗しているだけに、こんどは慎重そのものだった。……中略……二十二日午後〝クジラの町〟で知られる東（牟婁）郡太地町沖の熊野灘で小型漁船約二十隻が、三十頭ほどのゴンドウクジラの大群を半円の船隊で包囲、〝捕鯨オリンピック〟顔負けの勇壮な絵巻を展開、太地港内への追い込み作戦を約五時間にわたりくりひろげた。漁師は体長四メートルもあるクジラを追って鉄棒をカン、カンたたいたり、船腹をたたくなど原始的な方法で徐々に太地港へ追ったが、クジラもさるもの、いったん船底をくぐって逃走したため再び先回りして包囲するなど灯明崎から望遠鏡をのぞき込む庄司町長はじめ見物人は手に汗を握るスリルの連続。同五時四十分ごろ、ようやく二十一頭を港内に追い込み、待ちうけていた定置網漁船が港口に水深約五メートルの網を張りめぐらした。逃げ場を失ったクジラの群れは港内で夏の日ざしに黒い背ビレを光らせて浮き沈み。時ならぬクジラの生け捕りに地元民をはじめ新宮や串本方面から約四千人がつめかけ岸壁は見物人で鈴なりだった。

これを契機としてはじまったゴンドウ追い込み漁は、それ以降も継続された。もはや町ぐるみの漁ではなく、速度の速い船を所有する経験豊富な漁師による組織「突きん棒組合」が結成された。かれらはゴンドウをはじめとする種々の鯨種を追い込む術を獲得していくと、時間の経過とともに成功率もあがっていった。

その六年後には、突きん棒組合の成功をうらやむ別の漁師たちが同様の組合を発足させたが、突きん棒組合にくらべ、成功率ははるかに低かった。両組合は夜明け前から出漁し、海上でゴンドウの群れをめぐって激しく競いあった。ときには数百頭単位でゴンドウを追い込んだとされ、小型鯨類の水揚げ量は飛躍的に伸びていった[36]。

当然ながら、乱獲が憂慮されるようになった。一九八二年に太地の追い込み漁が全国にさきがけて県知事許可制になったことをうけ、両組合は統合する。現在の太地いさな組合が設立されたことで、両者の衝突は回避された。なお、この年、和歌山県から太地いさな組合に与えられた自主規制としての捕獲上限は「コビレゴンドウ五〇〇頭、その他のイルカ類（種の特定なし）五〇〇〇頭」であった[37]。ゴンドウ以外の小型鯨類をひとまとめにする一方で、ゴンドウについては個別に上限が定められたことからも、当時、太地の漁師にとってゴンドウがいかに重要であったかがわかる。

一九八〇年代後半から九〇年代にかけては、国際的な商業捕鯨モラトリアムにより国内での鯨肉の流通量が制限されたため、ゴンドウの価格が高騰したこともあった。近年では、むかしにくらべて沖でゴンドウを発見する頻度が減ったこと、ハンドウイルカなどの生体捕獲が増えたことなどを背景としてゴンドウの漁獲量は減少している。しかし、太地町では現在も、ゴンドウの水揚げがあると、新鮮な肉をもとめて町民がスーパーにおしよせる。

四　太地町の鯨食文化

太地ではイルカ類をふくむ「鯨食文化」が現在も顕在である。たとえば町内唯一のスーパーである太地漁協スーパーでは、四季折々の旬の魚介類とともに、新鮮な鯨肉やイルカ肉を買うことができきる。店員によれば、「クジラやイルカの水揚げがあると、ほかの肉の売上がおちる」らしい。事実、朝に鮮魚コーナーに並んだ鯨肉は、夕方には売りきれる。太地町では多くの町民が鯨肉を好み、ごく普通のこととして鯨肉が食卓に並ぶのである。

やっぱりゴンドウ

太地町でも、入手可能な鯨肉は、ほんの数種類である。わたしの観察したかぎりでは、太地町で食卓に並ぶのは、おもにゴンドウ、スジイルカ、ミンククジラである。このなかで、とくに太地の人びとが好むのがコビレゴンドウの肉である。

太地では、全国的に好まれる鯨肉の代表格ミンククジラよりも、ゴンドウの肉を好み、ゴンドウ肉を使った郷土料理が継承されてきた。地元ならではの新鮮な刺身はもちろんのこと、干物、うでもの（内臓を茹でたもの）、骨はぎ（骨の周りの肉塊を生姜醤油などで湯炊きしたもの）、ねぶか煮（すき焼き）などは、「戦前戦後を通して太地の各家庭でそれぞれ工夫を凝らしてつくられてきた鯨料理」である[38]。これらは、日本の食生活全集の『聞き書　和歌山の食事』にも記載されるように、家庭料理として親しまれている[39]。

そうした太地の郷土料理のなかに「コロ」と呼ばれるものがある。コロは、歯鯨類《ハクジラ》（主としてマッコウクジラ）から鯨油をしぼったあとの脂皮《しひ》を炒ったもので、炒粕《いりかす》（煎粕）とも呼ばれる食材である。

鯨の皮（脂身の部分）を柏子木型ぐらいの大きさに切って、大鍋で炒ると油がでる。これを鯨油というが、この鯨油のことを「げと」と呼び煎粕はこの鯨の皮から鯨油を採ったあとの副産物である。別名コロともいう。炒った後の温かいものを小さく切って醤油につけて食べてもよい。またヒジキやオカラを煮るときのダシ或いはおでんには欠くことのできない一品である[40]。

商業捕鯨の一時停止によってマッコウクジラが捕獲できなくなったことをうけ、継承が危ぶまれたが、太地町ではコビレゴンドウやハナゴンドウの脂皮がかわりに使われるようになり、コロの味を現在に伝承している。

鯨食には地域性がある。食文化史研究者の高正晴子は、著書『鯨料理の文化史』で一章を割いて、コロ、テッパ、うでもの、骨はぎといったさまざまな太地町の鯨料理を紹介している[41]。こういった家庭料理の存在は、太地町でいかにゴンドウ肉を中心とした独自の食文化が育まれてきたかを示している。その地域的独自性は、大阪の鯨料理専門店・徳家の女将、大西睦子の語りからも伝わってくる。

そで、太地の人ら、「ゴンドウの肉、美味しい」いうでしょ？「香りがいいんや」ってね。なにが香りや、あんなもん、臭いだけや（笑）。わたし、いつもいうたんねん。「ゴンドウなんか、人間の食べるもんちがうで」。ほな、ものすご怒るわ、太地の人。（ゴンドウの）尾の身かてな、「これ、どうじゃ」いうて持ってきはんねん。こんなもん、美味しないわ（笑）[42]。

捕獲枠に新種の追加

イルカ類をふくむ小型鯨類の捕獲の歴史では、数百年にわたり、さまざまな捕獲手法がもちいられてきたと思われるが、現在ではもっぱら、「追い込み漁」と呼ばれる手法によっている。追い込み漁は小型鯨類の群れを沖合から陸にほどちかい入り江に追い込む漁法である。太地いさな組合に属する一二隻のボートが扇状に並んで船団をくみ、群れを発見すると金属製のポールを水中に入れ、それらを叩いて水中に「音の壁」をつくりながら、小型鯨類を岸に向かって追い込んでいく。鯨類がきわめて敏感な聴覚を持つことをいかした漁法である。

追い込み漁はもともと、一九六九年に太地町立くじらの博物館の新規オープンに向け、水族館展示用に鯨類を傷つけずに生きたまま捕獲する方法として太地ではじまったことは先述したとおりである。

二〇二二年度に和歌山県の追い込み漁で捕獲が許された鯨種と捕獲枠は、コビレゴンドウ（マゴンドウ、一〇一頭）、ハナゴンドウ（二五一頭）、オキゴンドウ（四九頭）、ハンドウイルカ（二九八頭）、スジイルカ（四五〇頭）、マダライルカ（二八〇頭）の小型鯨類であり、二〇〇七年一月よりカマイルカ（一〇〇頭）の新規捕獲枠が認められている。

その後、捕獲が認められる鯨種は固定していたが、二〇一七年、一〇年ぶりにシワハイルカ（二〇頭）

とカズハゴンドウ（三〇〇頭）の二種がくわえられた。追い込み漁が国際的な批判の対象になっているることにくわえ、国内でも鯨肉の食肉としての需要が落ちている鯨類にとって、これは特筆すべき出来事である。

現在、シワハイルカはおもに水族館での飼育用、カズハゴンドウは主として食用として捕獲されている。

新種の追加は太地町のクジラ漁師らが水産庁に要請し、実現したという。イルカ漁にかぎらず一般に漁業は季節によって捕獲量が減少するため、漁師は安定した漁獲量を維持すべく捕れない種の代替となる「フィラー種」を探すことになる。これまでにあつかったことのない鯨種であっても、新規追加をもとめた背景には、安定した経営を模索するという事情があった。

漁師のAさんによれば、カズハゴンドウは「あんまり（ほかの種類が）捕れん時期に来てくれる。その時期になるとだいたい来てくれて……」といい、カズハゴンドウがフィラー種として位置づけられていることを示している。

太地町漁協組合のBさんは、「それまでにちがう鯨種で捕獲量が減ってきているので、漁師の方から、このままじゃ苦しいから、新しいのを捕りたいと。そのなかで何種類か提案を出したのかな。それで水産庁から「これはいいですよ」という返事だったのだと思う。それがカズハゴンドウだった」と回顧する。また、「（ゴンドウの捕獲量については）いっぺんにがたっと減ったのではなくて、少しずつ、なだらかに減ってきて、いま減ったままで落ちついているというか。それで実際、（捕獲枠の）見直しがつぎはいつになるかわからんけど、現状、カズハが増えたことで新しいのを食べる機会にもなった」と語ってくれた。

カズハゴンドウの捕獲

漁師らが捕獲枠追加対象の新種としてカズハゴンドウに目をつけたのには理由があった。カズハゴンドウは百頭程度の大きな群れで移動することが知られており[43]、イルカの追い込み漁師たちは、海でカズハゴンドウを多く目にしていた。Aさんによると、「太地沖では、かなり以前から頻繁に大きな群れが見られた」。

また、群れの頭数が多いため、必要な捕獲数を確保しやすいとも聞く。この点についてBさんは「カズハはね、群れの数が多いから（沖合での捕獲量の）調整がしやすい。このくらいにしましょうとか、もし多いようなら逃がせばいいし」と考えている。

二〇から三〇頭の群れで移動し、海に深く潜って逃げるコビレゴンドウは捕獲がむずかしく、頭数の確保も容易ではない。それに対し、カズハゴンドウは漁師にとっては、以下のAさんの発言が示すように、群れが大きいゆえの捕獲のしやすさが魅力なのである。

　肉も思ったよりよかったし、評判もいいんで。で、まあ、追い込みやすいし。で、肉としても（身が）わりととれる、肉も。なので、仲買も喜んでくれてると思う。

いま、ミンククジラ、国内で捕ってるものの値段からくらべると、（カズハは）ずっと安いんで、加工品とか、ああいうので使いやすいはずなんで、そういう面で（肉が）動いてくれたらいいなと思う。

カズハゴンドウ肉の販売・消費者の反応

太地町におけるカズハゴンドウ肉の販売は概して成功したといってよい。この新しい鯨肉が町の消費者に受容されたプロセスも興味深い。

太地町漁協組合職員のBさんは、カズハ肉の最初の印象について「案外、おいしかった」と述べる。「ハナゴンドウはあんまり食べへんからね。そういう意味でカズハはよかった」。ゴンドウにかわる鯨肉が販売可能になったことについて「そういう意味では、すごく助かってる。あるのとないのとでは大ちがい」だと考えている。

また、カズハゴンドウの味についての消費者の反応として、Bさんはつぎのように説明してくれた。

ある人は竜田揚げがおいしいっていって、柔らかいって。俺は、うでもんもおいしいと思うしね。だから、それなりにおいしいと思う。道の駅でも、いまはミンクとかヒゲクジラの竜田揚げしかないけど、今年また、竜田揚げをカズハを使ってやってみたい。思った以上においしいから。一回、今年やってみようと。こうやって広がればなと思う。

さらに、鯨肉解体・加工業者のCさんは、カズハゴンドウが販売開始当初からよく売れた要因として、「スーパーでやっぱり『ゴンドウ』ってついてるから、けっこう、最初は売れたみたい」と、カズハ肉がゴンドウ肉に似ている点と、さらに「ゴンドウ」の名称がついている点が大きいことを指摘する。

「ゴンドウ」っていう名前がよかったんじゃないかな。みんな、食べてみようか、ってなる。太地の人はとくにそうかな。「ゴンドウ、ゴンドウ」っていって。多分、これゴンドウって出されてもわからんかなって気がするけど。

それこそ馴染みのあるゴンドウっていう名前は、やっぱり定着はしやすかったんじゃないかな、と。なんか千葉の方だと、ツチクジラっていう名前で、千葉の会社の社長の話を聞くと、名前が悪いって。ツチクジラは「おいしそうに思われないみたいだよ」っていう話もいってたから。まあ、ゴンドウが馴染みがよかったから、わりと、そんな壁もなくスッとはいっていった。自分も、まあ、食べておいしいし、全然。新しく、定着していけばいいクジラじゃないかな。

カズハゴンドウの名称について、仲買業者のDさんも似た感想を抱いている。Dさんは、名前に「ゴンドウ」がはいっていれば、仲買として太地以外でも売れるが、『イルカ』だと売れない」と断言する。そして、「カズハゴンドウ肉は、いまは、四〇年前から取引のある福岡のふたつの市場に送ってる。コビレゴンドウを卸していたのとおなじ取引先だ」と、「ゴンドウ」の名前が販売をあとおししていることを示唆している。

一〇年ぶりに捕獲枠に追加され、店頭に並ぶこととなった「新種」鯨肉の成功の背景には、もともと地元で愛されてきたマゴンドウ肉を土台とする「味」と「名前」のふたつの要素があったのである。むかしからゴンドウ肉に親しんできた太地町ならではの結果であろう。

カズハゴンドウ肉の解体と調理

鯨肉解体・加工業者のCさんによれば、最初はやはり、それまで「見たことも、食べたこともない」鯨種のあつかいに戸惑ったようである。「探り、探りで入札しても、やっぱり売れるかどうかなんてわからず、相場もついてないとこから」はじめざるをえなかった。しかし、いざ食べてみると「非常においしかった」。ほとんどイカ類しか食べないコビレゴンドウにくらべ、カズハゴンドウは「雑食で、魚も食べるし、イカも食べるし、なんでも食べて」おり、「内臓を割ると、なんでも食べていて、割と匂いがある」そうである。

でもカズハゴンドウは魚も食べるから、けっこう独特な匂い。それで呼吸しても臭いらしくて、追い込みしてるときから、臭いって。船からもわかるらしい。いさな（組合）の人たちも最初は「臭い、臭い」っていってて、食べなかったの。「おいしい、おいしいよ」っていって。いざ食べたら、まあいけるんじゃないかぐらいな。

仲買業者のEさんもおなじような経験をしている。「カズハは息が臭くて、さばくときにも市場（解体場）が臭くなる。カズハが最初にでたとき、全然味がわからなかったから、まずは寿司屋に持っていって、自分で刺身で食べてみた。おいしいと思った」という。

また、捕獲枠に新種二種が追加された二〇一七年、コビレゴンドウの水揚げは数年間なく、太地町の人びとは大好きなゴンドウ肉が食べられずに寂しい思いをしていた。そんななか、鯨肉解体・加工業者のCさんが「ゴンドウにかわるぐらいおいしい」と太鼓判をおす鯨種が捕獲対象になり、店頭に並んだのだ。

ゴンドウがもう二年ぐらい捕れてないから。ゴンドウにかわるぐらいおいしいと思うよ、っていう。ハナゴンドウって、結構あっさりしすぎてるから。それよりちょっと脂っけがあるし、おいしいなと思ってて。で、いいかなーって気がしてる、カズハゴンドウはね。あれはおいしい気がする。内臓は、普通のとちょっと、ハナゴンドウのとかとはちがうらしい。

町でペンションを経営し、鯨料理が上手なことで評判のFさんは、カズハゴンドウの臭みについて「少し、もの足りない」と感じている。

(カズハは)食べたことあるけど、やっぱクセがないなあっていう程度で。物足らないなあっていう感じはあるよね。だから、カズハゴンドウの干物なんかも、クセが苦手な人にとってはカズハゴンドウの干物はいいよね。お客さんに出すのも、あっちから攻める方がお客さん的に食べやすいみたいよ。

カズハゴンドウ肉の可能性

二〇一七年に捕獲枠に新しく追加された二種のうちのひとつ、カズハゴンドウは、現在も太地町で消費されるとともに県外にも出荷されている。二〇一七年以降、久しぶりに「新しい」鯨肉が食卓に並び、それまでには未知だった味をもたらしている。その意味で、カズハゴンドウの捕獲枠への追加は、太地の食文化に小さな「変化」をもたらした出来事である。

わたし自身、カズハゴンドウが突如、太地町のスーパーに並んだときのことをよく覚えているが、またたくまに町のいたるところで食卓に並ぶようになったのが印象的であった。

見た目は、太地の人びとが好むマゴンドウ肉と似ている。しかし、脂身が少ない分、味はゴンドウよりもあっさりとしており、食べやすい。味の点だけでいうならば、鯨肉に馴染みないアメリカ人として、個人的にもカズハゴンドウの肉は干物でも、刺身でも食べやすい。

太地町に暮らす者として鯨肉を食する機会も多くあるが、独特の強い「クセ」には、なかなか慣れることができていない。そんなわたしのような人間にとっても、カズハゴンドウの刺身は、すんなりとおいしく食べることができる。また、「クジラ肉」としても、手頃な価格で入手しやすい。このことは、外国人客をふくめ、鯨肉初心者のための「入口」として鯨食普及に活用しうる可能性を示唆している［図6］。

五　太地とゴンドウの歴史はつづく

太地町の捕鯨の歴史は、一六〇六年に組織的な捕鯨基地が置かれたことにはじまる。木造船に乗りこんだ勇敢な鯨捕りたちは、命がけで巨大なクジラを捕らえようとした。その三百年後、太地の漁師らは大型の動力船に乗りこみ、南氷洋を目指した。戦後の食料難にあえぐ国民を養うために出航した彼らは、大型鯨類の群れを追いかけた。海での勇敢な戦い、巨大クジラ、巨大船……これらのイメージが太地町の自己認識をはじめ、大衆小説における描写、町中に散らばる巨大モニュメントを形成している。

太地町の捕鯨の歴史は、四世紀にわたって運命に翻弄され、さまざまなクジラが捕鯨の対象として登場した。しかし、本稿で示したように、時代にかかわりなく、一貫して太地の歴史に重要な役割を果たしたと考えられる鯨種はひとつしかない。古式捕鯨時代の刃刺が銛で突き、現代の漁師が追い込んで捕らえるコビレゴンドウである。

図６ 太地町漁協スーパーに並ぶゴンドウの「うでもの」

うでものは内臓を塩ゆでにしたもの。
太地では酢醤油か酢味噌をつけて食されることが多い。
出所：筆者撮影〈2021年10月〉

図７ 太地町の公式マスコット「ゴン太くん」

出所：清水文氏提供

太地町において唯一無二の存在であるゴンドウは、その重要な役割にもかかわらず、大型鯨類のような脚光を浴びることはほとんどなく、対外的な広報にもちいられることもほとんどなかった。

しかし、まったく注目されてこなかったわけでもない。たとえば、一九三六(昭和一一)年に臨時でおこなわれたゴンドウの展示がある。太地町の企画でゴンドウを太地港に運び、湾内で遊泳させたところ、「町内全体が雑踏した」と記されるほどに人気を集めたという[44]。

その六〇年後に新設された町立くじらの博物館のプールに初めて展示されたのも、ゴンドウの群れであり、またも大衆を魅了した。さらに、一九九四(平成六)年には、同博物館で飼育されていた若いゴンドウの「ゴンタ」が、「八年九か月一九日」というコビレゴンドウの飼育世界記録を樹立し、大規模な記念行事にあわせ、ゴンドウの写真をあしらったテレホンカードや時計もつくられた。

二〇〇九(平成二一)年に太地町の公式マスコットキャラクターが誕生した際に選ばれた鯨種はコビレゴンドウであった。翌年には「ゴン太くん」と命名され、丸い頭に満面の笑みを浮かべたゴンドウがお披露目された。現在では、「ゴン太くん」は毎年町で開催される「太地浦くじら祭」などのイベントで、ヒレをパタパタさせながら登場する人気者だ。二〇二二(令和四)年に町営循環バスの新車両が導入された際には、その車体を飾るシンボルマークにゴンドウ二頭のイラストが採用された。これにより、ゴンドウが一年中、町のあちこちに浮上するようになり、太地町民とゴンドウとの関係性はさらに強化された。

太地では「タッパを返す」という言葉が日常的に使われる。タッパとはゴンドウの胸ビレのことで、

図8 ゴンドウをモチーフにした町営循環バスの新車両ロゴ
出所：筆者撮影〈2023年3月〉

図9 太地駅に描かれたゴンドウ
出所：筆者撮影〈2023年4月〉

普段は水中にあるため見ることができないが、海面がおだやかで暖かな日など、水面上に胸ビレを上げ、あたかも体を横にして気持ちよく寝ているような姿を見せることがある。太地ではこのゴンドウの光景から、気持ちよく昼寝することを意味して「タッパを返す」と表現するのである[45]。

太地とゴンドウの歴史はつづいている。わたしが本稿を執筆中、いさな組合がゴンドウの群れを追い込んだ。漁師の友人や親戚から「おかず」のおすそわけをもらえなかった町民は、早朝から漁

図10 太地町立くじらの博物館のクジラショーでジャンプするコビレゴンドウ

出所：太地町漁業協同組合提供

協スーパーへと向かった。新鮮なゴンドウ肉は、夕方を前に売りきれた。

小型捕鯨船の第七勝丸——かつて清水勝彦が操縦し、博物館のためのゴンドウを追い込んだ太地町最後のテント船の名を受け継ぐ船である——が二〇二三年の漁期開始にあたり、夜明け前の海に明かりを灯しながら出港の準備をしている。関係者によると、ミンク操業から帰港したあと、七年ぶりに太地沖でゴンドウを追う予定だという。

最後にあとがきにかえて、快くインタビューに応じてくださり、いつも親切にしてくださる太地町のみなさん、また日本語への翻訳をふくめ広範なサポートをしてくれた垣沼希依子さんに心から感謝を申しあげます。

注

＊1　奇妙なことに、漁師に対する取材が少ないことは、日本の作品にも見られる現象である。『ザ・コーヴ』への反論を意図して制作したと主張する『ビハインド・ザ・コーヴ』（八木景子監督、二〇一五年）にも、地元漁師へのインタビューはひとつもふくまれていない。

＊2　太地を舞台に江戸の古式捕鯨が描かれる小説の代表例には、『深重の海』（津本陽、新潮文庫、一九八二年）、『鯨の絵巻』（吉村昭、新潮文庫、一九九〇年）、『勇魚』（C・W・ニコル、村上博基訳、文春文庫、一九九二年）、『巨鯨の海』（伊東潤、光文社時代小説文庫、二〇一五年）などがある。

＊3　本稿は『和食文化研究』第五号（二〇二二年）に掲載された拙稿「小型鯨類捕獲枠への新種追加が和歌山県太地町における鯨食文化にもたらした影響——関係者への聞き取り調査を中心に」に加筆修正したものである。

＊4　本稿では「追い込み漁」という用語をつぎの三種類の漁法を示すものとしてもちいる。⑴古式捕鯨時代に大型鯨類を網にかけたり陸地に追い込んだりした漁、⑵おもに明治期から昭和期にかけて、偶発的・機会的に発生し、テント船を使ってゴンドウの群れを沖から湾へと追い込んだ漁、⑶政府・県の厳格な規制のもと、専業の漁師が定期的に出漁し、小型鯨類を沖から湾に追い込んで捕獲する漁。

＊5　本稿では、江戸期から大正期にかけて使われたモーターや銃の搭載されていない櫓舟についても、モーターや銃を装備した現代の動力船についても統一して「船」の字をもちいる。ただし、引用については原文のままとする。

＊6　濱田明也さんの語り（四八頁〜）も参照のこと。

文献注

[1] 環境省（二〇一五）「吉野熊野国立公園の大規模拡張・海域公園地区指定」〈https://kinki.env.go.jp/to_2015/post_33.html〉。

[2] J. Alabaster (2017) News coverage of Taiji's dolphin hunts, *Asian Journal of Journalism and Media Studies* 1: 45-73.

[3] アラバスター、ジェイ（二〇二一）「和歌山県太地町における反イルカ漁運動はなぜ根付かなかったか――『ザ・コーヴ』の町の語りから探る」『日本オーラル・ヒストリー研究』十七、五七―七六頁。

[4] S. Bunch (2009) MOVIE REVIEW: 'The Cove', *The Washington Post*, August 7 〈https://www.washingtontimes.com/news/2009/aug/7/movie-review-the-cove/〉; B. O'Neill (2009) "American hippies vs the evil Japanese," *Spiked* 〈https://www.spiked-online.com/2009/11/04/american-hippies-vs-the-evil-japanese/〉・菅沼慶（二〇一〇）「和歌山県太地町イルカ・クジラ漁師を直撃！」『週刊プレイボーイ』七月二七号、五二―五四頁。

[5] R. W. Bulliet (2007) *Hunters, Herders, and Hamburgers*, New York: Columbia University Press.

[6] 宮本常一・安渓遊地（二〇〇八）『調査されるという迷惑――フィールドに出る前に読んでおく本』みずのわ出版、一頁。

[7] 宮本・安渓（二〇〇八）『調査されるという迷惑』八六頁。

[8] V. Yow (1997) "Do I like them too much?": Effects of the oral history interview on the interviewer and vice-versa, *The Oral History Review* 24: 55-79.

[9] 文化庁（公開年不詳）「鯨とともに生きる」〈https://japan-heritage.bunka.go.jp/ja/stories/story032/〉。

[10] 浜中栄吉編（一九七九）『太地町史』太地町、四二六頁。

[11] 水産庁（二〇二二）「鯨類座礁対処マニュアル」〈https://www.jfa.maff.go.jp/j/whale/attach/pdf/bycatch-17.pdf〉。

[12] 水産庁（二〇二三）「捕鯨をめぐる情勢」〈https://www.jfa.maff.go.jp/j/whale/attach/pdf/index-1.pdf〉。

[13] 水産庁(二〇二三)「捕鯨をめぐる情勢」。
[14] T. Kishiro and T. Kasuya (1993) Review of Japanese dolphin drive fisheries and their status, *Report of the International Whaling Commission* 43: 442-443.
[15] 櫻井敬人[現代語訳](二〇一一)『鯨者六鯨ト申候——企画展「熊野灘のクジラ絵図」』三重県立熊野古道センター。
[16] 川島秀一(二〇〇八)『追込漁』法政大学出版局、一頁。
[17] 太地五郎作(二〇二一)『日本の古式捕鯨』講談社学術文庫二六八〇、五三—五八頁。
[18] 浜中編(一九七九)『太地町史』四五九頁。
[19] 浜中編(一九七九)『太地町史』四五九頁。
[20] 熊野太地浦捕鯨史編纂委員会編(一九六九)『熊野太地浦捕鯨史』平凡社、五二六頁。
[21] 浜中編(一九七九)『太地町史』四五九頁。
[22] 熊野太地浦捕鯨史編纂委員会編(一九六九)『熊野太地浦捕鯨史』五二五—五二六頁。
[23] 櫻井敬人(二〇二二)「学芸員だより」『広報たいじ』太地町、一四頁。
[24] 浜中編(一九七九)『太地町史』四五九頁。
[25] 太地(二〇二一)『日本の古式捕鯨』七七—七八頁。
[26] 石川創(二〇一九)「日本の小型捕鯨業の歴史と現状」『国立民族学博物館調査報告』一四九、一三三頁。
[27] 浜中編(一九七九)『太地町史』四六三頁。
[28] 浜中編(一九七九)『太地町史』四六二頁。
[29] 市原亮平(一九六〇)「移民母村の漁業構造と人口問題」『關西大學經済論集』一〇、四〇二頁。

［30］浜中編（一九七九）『太地町史』四九四―四九五頁。

［31］日本放送協会（一九五一）『ごんどう漁生け捕り』。

［32］市原（一九六〇）「移民母村の漁業構造と人口問題」四〇二頁。

［33］三好晴之（一九九七）『イルカのくれた夢』フジテレビ出版、九一頁。

［34］三好（一九九七）『イルカのくれた夢』九四頁。雑賀毅、二〇二一年一〇月、インタビュー。

［35］三好（一九九七）『イルカのくれた夢』九三―九五頁。

［36］脊古博文（二〇二三年二月、インタビュー。

［37］粕谷俊雄（二〇一一）『イルカ――小型鯨類の保全生物学』東京大学出版会、一二一頁。

［38］高正晴子（二〇一三）『鯨料理の文化史』エンタイトル出版、二二〇頁。

［39］日本の食生活全集和歌山編集委員会編（一九八九）『日本の食生活全集和歌山』農山漁村文化協会。

［40］高正（二〇一三）『鯨料理の文化史』二二三頁。

［41］高正（二〇一三）『鯨料理の文化史』二二一―二二六頁。

［42］赤嶺淳（二〇一七）『鯨を生きる――鯨人の個人史・鯨食の同時代史』吉川弘文館、一四〇―一四一頁。

［43］R. L. Brownell Jr. et al. (2009) Behavior of melon-headed whales, Peponocephala electra, near oceanic islands, *Marine Mammal Science* 25(3): 639–658.

［44］浜中編（一九七九）『太地町史』四九五頁。

［45］高正（二〇一三）『鯨料理の文化史』二二〇―二二一頁。

第一京丸
KYO MARU No1
RESEARCH

第Ⅲ部 太地を訊く

幾重もの共同と協働

太地町プロジェクトをふりかえって

辛 承理

一　プロジェクト発足の経緯と参加者

個人史に焦点をあて、太地町の人びとと鯨類との関係性の歴史とその深さをさぐる本プロジェクト（太地プロジェクト）は、文化庁の二〇二二年度「食文化ストーリー」創出・発信モデル事業[*1]に採択された「太地町を中心とする熊野灘周辺地域の鯨食文化」の一環として、太地町教育委員会と一橋大学が共同で実施したものである。

「聞き書き」を実践してきた赤嶺淳を中心とする一橋大学社会学部と同大学院社会学研究科の学生・関係者一〇名による共同研究であり、太地町の人びとの個人史から太地の歴史を具体的にあきらかにすることを目標とした。

以下、学生代表として事業運営にかかわった視点から、本プロジェクトの軌跡を報告する。

本事業の採択通知をうけたのは、二〇二二年五月一一日であった。心づもりはしていたとはいえ、あわただしく準備がはじまった。三週間後の二〇二二年六月二日、なんとかキックオフ・ミーティング（初会合）の開催にこぎつけ、プロジェクトの目的と調査方針を確認することができた。同会合には一〇名の学生が参加したほか、太地町教育委員会の櫻井敬人氏と太地町に住みながら鯨類追込網漁業とメディアの関係を研究しているアリゾナ州立大学のジェイ・アラバスター（Jay Alabaster）氏にも出席いただいた。

当初、本調査は夏期休業中の二〇二二年八月七日(日)から八月一一日(木)に予定されていた。調査までの約二か月のあいだ、学生たちは鯨食、捕鯨、太地町を理解するための自主勉強会を開催することになった。その後、一橋大学大学院経済研究科の大学院生一名とアラバスター氏が教える早稲田大学文化構想学部の学部生一名も参加することとなり、一二名で作業を進めていくことになった。

二　本調査に向けての準備

自主的勉強会

太地町の人びとの個人史から鯨類／鯨食との関わりの歴史を理解するために、勉強会では三点の目標をたてた。(1)「聞き書き」の手法を学ぶ、(2)太地町をとりまくポリティカルな事情を理解する、(3)日本における捕鯨産業の変容過程を学ぶ。二点目の「ポリティクス」には、こうした補助金を利用して太地町におもむく、わたしたちのポジション(立ち位置)も、当然、ふくまれる。

勉強会の教材や進めかたは研究代表者の赤嶺と相談のうえ、学生代表である筆者が進行役をつとめた。勉強会の日程と内容を表1にまとめた。

表１ 勉強会のスケジュールと内容

日程	内容	形式
6月13日（月）	● 自己紹介／佐々木芽生制作『おクジラさま――ふたつの正義の物語』（2016）観賞および討論	対面
6月30日（木）	● 赤嶺淳『鯨を生きる――鯨人の個人史・鯨食の同時代史』（吉川弘文館、2017）の輪読および討論	対面
7月5日（火）	● 湯浅俊介氏による「戦後の商業捕鯨の経済史」に関するレクチャー	対面・オンライン
7月12日（火）	● 赤嶺淳（2023a）「日本近代捕鯨史・序説――油脂間競争における鯨油の興亡」『国立民族学博物館研究報告』47(3)：393-461頁、赤嶺淳（2023b）「鯨食文化と鯨食習慣の重層性――鯨食文化はナショナルなのか？」森下丈二監修『捕鯨問題群を開く――利用・管理・法解釈』鯨研叢書16、日本鯨類研究所、4-36頁の輪読および討論。	オンライン

出所：筆者作成

初回では自己紹介をかねて、太地町の歴史や捕鯨問題／反捕鯨論争をえがいたドキュメンタリー『おクジラさま――ふたつの正義の物語』を鑑賞し、意見交換をおこなった。ドキュメンタリーを教材として選んだ理由は、太地町も捕鯨問題も知らない学生が多かったためである。

二回目は鯨とかかわってきた人びとの個人史から捕鯨史を描いた『鯨を生きる――鯨人の個人史・鯨食の同時代史』を輪読会の教材とした。プライバシー保護のため、本来であれば門外不出のはずのトランスクリプションも、特別に提示された。トランスクリプションと作品とを比較することにより、「聞き書き」の方法を学ぶだけではなく、赤嶺の発した問いと、それに対する語り手の応答が、いかに作品化されたかを知ることができた。このことにより、自分が聞き手（インタビュアー）として訊きたいことと、作品としての語りを具体的にイメージすることができた。また、前回の勉強会の反省点として参加者全員が討論するための時間が少なかったことが指摘されたため、参加者を三グループにわけ、議論と発表を展開した。

三回目は、戦後の日本における商業捕鯨の経済史を企業経営の視点から研究している湯浅俊介（経済学研究科）が講師をつとめてくれた。講義に関する質疑応答を通じて、鯨類の生物学的特徴に関する疑問点や捕鯨史まで幅広く理解することができた。

最終回には、近代捕鯨の発展過程をおさえつつ、鯨種によって異なる鯨肉と鯨油の利用に関する赤嶺の近著を読み、議論をおこなった。

勉強会を重ねていくにつれ、学生たちはインタビューでの質問を構造化しつつ、調査項目を具体化することができるようになっていった。また、グループワークを積極的におこなったため、学生同士の距離もちかくなった。なによりも本調査への期待が高まり、毎回の勉強会が終わるたびに「早く調査にいきたい」との声が高まっていった点は、勉強会の最大の成果であった。

予備調査

二〇二二年七月一五日㈮から一七日㈰まで、学生代表として太地町へ予備調査にでむいた。⑴本調査に協力していただく語り手（インタビュイー）へのあいさつ、⑵本調査のスケジュールと現場の確認がおもな目的であった。

語り手は太地町教育委員会の櫻井氏によって選出された。櫻井氏によれば、これまで自身が話をうかがったことがある太地町住民のなかから、郷土史や太地について知識が豊富な人びとにお願いしたとのことであった。結果として今回は海外出稼ぎ経験者をはじめ、漁業関係者、水産加工業者、旅館業者にインタビューを依頼することになった。

櫻井氏の存在は、本プロジェクトにおいて聞き手と語り手のラポール[*2]（rapport＝親和関係）構築のために不可欠であった。太地町に縁もゆかりもないわたしたちに語り手が胸襟をひらき、個人史というプライベートな経験を語ってくれたのは、櫻井氏がこれまで語り手と築いてきたラポールがあってこそのことであった［表2］。

予備調査で調査の承諾を得て語り手が決まり次第、聞き手のグループを決めていった。まず、調査参加者一二人を二名一組にわけ、三組ずつをAワッチ（六名）とBワッチ（六名）とした。午前にAワッチの班1がインタビューをするとき、Bワッチの班1も同席し、インタビューをサポートする仕掛けである。午後にはワッチを交代してBワッチがインタビュー、Aワッチがサポートにまわった。そのため、Aワッチには比較的インタビューや調査の経験がある大学院生を配置した[*3]［表3］。

調査に向けての準備が進むなか、新型コロナウイルスの第七波の感染が全国的に急拡大していった。語り手は高齢者も多いため、東京からきた学生が対面でインタビューを実施するにはリスクが大きいと判断し、当初に予定されていた調査は中止せざるをえなくなった。オンラインでの実施も検討したものの、「聞き書き」には現場における一体感が不可欠という赤嶺による決断であった。新型コロナウイルスの感染拡大の動向が予測できないうえ、大学の夏休みを利用した調査が実施できなくなったことは、年度内にプロジェクトを完結させるという条件を履行するためには致命的であった。

調査準備の再開

一度は中止と決断された「太地町プロジェクト」であったが、感染が落ちつきをみせはじめたため、九月中旬ごろから実施の可否について再検討がなされはじめた。しかし、夏期休暇中ではなく、学期中の調査ということで、参加を希望していた学生のうち、大学院生四名をふくむ六名のみが参加可能となった。同時に一橋大学における赤嶺ゼミ第一期生である砂塚翔太と、二〇二三年度より社会学研究科に入学が決まっていた鈴木佳苗の二名があらたに参加することとなり、八名で実施することになった。

表 2　語り手と生年　　敬称略

名前	生年
網野俊哉（アミノ・シュンヤ）	1928（昭和 3）年
濱田明也（ハマダ・アキヤ）	1934（昭和 9）年
小貝佳弘（コガイ・ヨシヒロ）	1940（昭和15）年
山下憲一（ヤマシタ・ケンイチ）	1941（昭和16）生
世古忠子（セコ・タダコ）	1942（昭和17）年
久世滋子（クセ・シゲコ）	1956（昭和31）年
小畑美由紀（コバタ・ミユキ）	1969（昭和44）年
由谷恭兵（ユタニ・キョウヘイ）	1988（昭和63）年

出所：筆者作成

表 3　ワッチと班構成　　敬称略

	A	B	付添
1	辛承理＆鈴木佳苗	砂塚翔太＆大宮千和	赤嶺淳
2	湯浅俊介＆木村瑞希	金定潤＆松浦海翔	櫻井敬人

出所：筆者作成

本調査は授業に影響しない祝日を利用して一〇月八日(土)から一〇日(月)におこなった。学生参加者人数と調査期間が減ったため、全体調査後に追加調査が可能なメンバーが太地町に居残り、インタビューを継続した。おおまかな調査のスケジュールは表4のとおりである。

インタビューの実施に際して同意書「鯨食調査への協力に関する同意書」を作成した。同文書には、調査の目的をふくめ、個人情報の保護に関する概

表 4　本調査(2022年10月)のスケジュール

日程		10月8日	10月9日	10月10日	10月11日	10月12日
調査	午前	●太地町到着 ●太地町見学 梶取崎、 太地町立くじら博物館	●A1／B1 インタビュー (山下憲一さん) ●A2／B2 インタビュー (世古忠子さん)	●太地町見学 たかばべ園地、 畠尻湾、 太地フィールドカヤック	●インタビュー (網野俊哉さん)	●追加調査 終了
	午後	●久世さんの 料理を味わう会 ●飛鳥神社 秋期例大祭	●B1／A1 インタビュー (小畑美由紀さん) ●B2／A2 インタビュー (由谷恭兵さん)	●全体調査終了	●インタビュー (濱田明也さん) ●インタビュー (久世滋子さん)	
				大学院生金、辛、松浦は居残り追加調査を実施。		

出所：筆者作成

要、調査後の成果のまとめと編集の進め方を具体的に記載した。この同意書は、インタビューを実施する際に必ず聞き手が読みあげ、プロジェクトの概要を説明し、内容を理解してもらったうえで、語り手から同意と署名をもらうようにした。

三　本調査の実施

一〇月八日、太地町に到着した初日には、太地町の地理学的特徴や歴史について櫻井氏からレクチャーをうけた［図1］。太地町の地勢的特徴だけではなく、太地の食生活について体験することが初日の目的でもあった。そのため、午後には語り手のひとりでもある久世滋子氏の協力を得て鯨料理を用意いただき、食事会を開催した［図2、3］。

図1　櫻井氏のレクチャー

出所：筆者撮影

献　立　表

お造り　まぐろ
お造り　ゴンドウ・ミンククジラ・
　　ミンククジラうねす・イルカ
酢の物　コビレゴンドウクジラ
たった揚げ　カズハ他
干物　ハナ・カズハ・ゴンドウ
煮物　イルカのすき焼き風
ゴンドウクジラおばきのサラダ
ほねはぎ　ハナゴンドウ・ゴンドウ
ミンククジラの皮炊き込みごはん
おまぜ
かいの子汁

図2　食事会の献立表

出所：久世滋子氏作成

食事会には久世氏の姉である漁野裕美子氏にもご一緒してもらい、太地の家庭で継承されてきた鯨料理だけではなく、久世氏と漁野氏がアレンジしたレシピも紹介してもらった。献立は予備調査のときに櫻井氏と筆者がリクエストしたものを踏まえ、久世氏と漁野氏が食べてもらいたい料理を追加したという。

久世氏によると太地町では鯨肉の刺身はニンニク醬油か土生姜醬油につけて食べ、茹でたものは酢味噌につけて食べるのが一般的であるという。ポン酢はここ最近の食べかたであるが、好みによっ

図３ 食事会の様子

出所：筆者撮影

図４ 久世さん特製オバキサラダ

出所：赤嶺淳撮影

て食べかたは異なるために用意されていた。焼いた干物は久世氏にとって「お弁当の梅干しの感じ」であるとはいうものの、「若い人はマヨネーズをつけて食べたりもするよ」という。炊き込みご飯は櫻井氏のリクエスト、おまぜは祭りのときに毎年食べていたもので、「こんな郷土料理もある」と紹介したいとのことから久世氏が提案したものである。

さまざまな料理のなかで学生からもっとも好評であったのは、オバキ(尾羽)のサラダであった。オバキは尻尾の部分であり、太地町ではそれを薄くスライスし、湯がいたものを酢味噌で食べる。そのオバキを久世氏は「食感もコリコリしているし、サラダによいと思った」、「若い人が喜ぶかなと思ってつくってみた」とのことで、野菜を追加してマヨネーズで和えてサラダをつくってくれた。その食感とマヨネーズとの相性がとてもよく、調査後に自分も家で再現してみたという学生もいたほどである[図4]。

食事会の後には、飛鳥神社秋期例大祭・宵宮まつりを見学し、宿にもどって翌日の準備をおこなった。二日目(一〇月九日)はインタビューについやした。朝の学生ミーティングでは当日のスケジュールを確認したのち、各班にわかれて質問事項や録音機材、同意書など、調査で必要なものを確認した。その後、プロジェクトの拠点とした太地町公民館に移動し、櫻井氏から語り手の情報を共有してもらった。Aワッチによる午前のインタビュー終了後、公民館での昼食をはさみ、Bワッチによる午後のインタビューを開始した[図5]。

すべてのインタビューが終了したあと、参加学生からは、さまざまな反省点が提出された。「訊きたい内容を聞くことができず、悔しかった」、「質問がうまくできなかった」というもののほか、「誘導訊問のようではなかったか」と懸念する声もあった。

聞き手のひとりは「わたし、誘導訊問してましたよね。知ってます、自分でも反省しています」と発言してくれた。実際に半数くらいの参加者が誘導訊問したことについて反省していた。その理由を詳しく聞いたところ、先入観が大きく影響したことがわかった。

わたしたちは櫻井氏から事前に教えてもらっていた語り手情報をもとに質問事項やインタビューの流れを構想して太地に臨んだ。そのため、聞き手がこれまで内面化できた情報にもとづいて語り手の像をつくってしまっていた。「反捕鯨団体に立ち向かう漁師」、「若手の社長」、「追い込み漁師の奥さん」といった先入観にもとづいた質問はいうまでもなく、インビュー現場で、その想像がくつがえされたとき、「あわててしまい、質問が思いつかない」状況においこまれてしまったのである。わたしたちは、勉強会で獲得した学びや予備知識から「自分の興味と関心で質問していた」ことを反省した。

図5 由谷恭兵氏へのインタビュー

出所：筆者撮影

こうした先入観について筆者たちは反省したが、プロジェクトが終了しつつあるころには、これは当たり前のことでもあると考えるようになった。むしろ聞き手の主観、バイアス、予備知識がくずされていく刹那的なやりとりが、「聞き書き」の醍醐味でもあると考えるからである。

はじめて訪問した太地町、しかも「くじらの町太地」との先入観をもって臨んだ太地で暮らす人びとの声をじかに聞く。そもそも先入観をいだかずに「まっ白」な気持ちで語り手に対峙することなど、可能であろうか。先入観が崩壊していくなかで、聞き手は語り手に対してインタビュー対象者ではないひとりの人間として向きあい、対話することができるのではないだろうか。

全体調査の最終日には、帰京後のインタビューの文字起こしと語りの編集作業における重要ポイントなど、今後の進め方を確認した。その後、畠尻湾など太地町見学をおこない、全体調査は終了した。追加調査を希望した金、辛、松浦の三名が太地町に居残り、翌日の準備をおこなった。

一〇月一一日、朝のミーティングでは櫻井氏から語り手の情報を共有してもらったのち、公民館にてインタビューを再開した。聞き手が三名となったため、全員がインタビューに参加した。とはいえ三人が同時に質問すると、語り手を混乱させてしまうため、毎回ひとりが司会役を担うことにした。午前に一名の語り手、午後に二名の語り手へのインタビューをおえ、予定されていたすべてのインタビューを実施することができた。

一〇一二日の午前中には、太地町立くじらの博物館で移民や船大工の写真など「聞き書き」に必要となる資料を収集したあと、現地解散した。

「聞き書き」の文字起こし

「聞き書き」の最初の作業はインタビューの文字起こしからはじまる。

第一段階となる文字起こしではインタビューのすべての発話を加減なく文字起こしする。赤嶺の経験によれば、「一〇分の語りがあるとしたら、文字起こしには、最低でもその六倍の時間、六〇分の時間が必要」という。そのため、インタビューの時間が長くなると、必然的に文字起こしの負担が多くなるし、語り手への負担も増すため、インタビューは一時間半から二時間と決めていた[*4]。

表 5　インタビュー時間と文字起こしに要した時間

語り手	インタビュー時間	文字起こしに要した時間
網野俊哉	1時間51分	約13時間
濱田明也	1時間26分	約15時間
小貝佳弘	1時間58分	約15時間
山下憲一	2時間28分＋2時間4分*	約24時間
世古忠子	2時間11分	約12時間
久世滋子	1時間42分＋1時間12分*	約13時間
小畑美由紀	1時間31分	約21時間
由谷恭兵	2時間14分	約12時間

出所：筆者作成　＊補充調査をふくむ。山下氏と久世氏は追加のインタビューを実施したために二回分のインタビュー時間が表記されている。文字起こしはその合計時間となる。

しかし、実際の文字起こしには、聞いた時間の六倍〜一四倍を要することになった［表5］。文字起こし作業は二〇二二年一一月一日を締切りとし、一二月一日までに語り手に内容とオフレコ部分を確認してもらった。この過程では、個人名をふくめ、語り手個人の見解など、公開したくない部分を削除してもらった。この確認作業には櫻井氏にも同行してもらい、聞きとるのが困難であった方言や固有名詞などの箇所の確認をしてもらった。オフレコ箇所を確認したテキストをもとに、「聞き書き」原稿の構成／編集作業へと進んでいった。

二次調査の実施

文字起こし原稿の確認作業をした結果、得られた情報だけでは編集を進めるのに不十分であっただけではなく、語り手のなかにも調査時に満足する語りを提供できなかったとの意見もあったことがあきらかとなった。本調査の際に体調不良のためインタビューができなかった語り手もいたために、一次調査の補充と追加調査を目的とした二次調査を計画した。

二次調査は二〇二二年一二月一八日(日)から二〇日(火)に実施し、大学院生四名が参加した。また、一次調査の際にできなかった語り手の写真や原稿で使用する素材の撮影もおこなった。一二月一八日に小貝氏のインタビュー、同一九日に山下氏のインタビューを実施し、その間の時間を活用して写真撮影を実施した。二次調査終了後には、一次調査と同様にインタビューの文字起こしをしたあと、語り手の確認作業を経て「聞き書き」原稿の編集作業へと進んだ。

四　「聞き書き」原稿の編集

「聞き書き」の編集は、インタビュー内容を聞き手が解釈したうえで、物語として構成しなおすことである。その進めかたは班によって異なった。編集方針は、(1)インタビューのなかで印象的であった部分を取りあげる、⑵全体をモノローグとしてまとめたあと、構成をたてる、⑶幼少期から今日にいたるまでを時系列に整理していく、⑷質問に沿ってすべての内容をカテゴリー化していく、の四方法に分類することができる。

「聞き書き」の初稿は二〇二三年一月一六日までに提出することとした。その後、赤嶺による添削をうけて第二稿、第三稿、第四稿へと修正と編集をかさねていった。また、初稿確認後にオンラインで聞き手全員が参加したコメント会を開催し、編集上の技術的質問をふくめ、内容について議論する機会を設けた。

編集のなかでもっとも修正や工夫が必要となったのは、漢字とひらがなのバランス、注である。「聞き書き」は語り手のモノローグ（ひとり語り）として原稿が構成されていくため、自然体の語りをもっとも重要視せねばならず、そのための工夫が必須となる。そのためには漢字とひらがなのバランスと読点が重要であり、個別の語りだけではなく、報告全体として統一しなくてはならない。指針として赤嶺が作成した用例見本や注意事項を参考にしながら、修正作業をおこなった。

つぎに語りだけでは方言や業界用語、時代背景を推測するのがむずかしい部分など、読者にとっては理解しがたい箇所が多くある。その場合には、注で補完する作業が必要となる。ここでは聞き手が読者の目線に立ち、補足すべき箇所をさがし、文献や新聞記事などの資料をもとに追加説明をおこなった。この段階で他班の原稿と交換して読みあうことは、各自の反省につながり、効果的であった。

すべての編集作業が完了したのち、編集での苦労を聞くと、「聞いた話がそのままじゃなくなるし、わたしたちの解釈があっているか、何回もトランスクリプションを確認した」、「語り手が言いたいことが伝わっているかを、何度も議論した」という感想が多かった。

たしかに対話であったものをモノローグに変換していく過程には、聞き手の主観が介在する。そのため、聞き手の主観によってストーリーがゆがめられているのではないか、といった危惧をいだくのも当然である。

そこで重要となるのが、聞き手同士での共同作業である。ひとつひとつの発言の意図や意味について、ともに議論し、解釈していく。おなじ語りを聞いていたとしても、異なる解釈をする場合は少なくなく、そうした相違を吟味していくことが共同調査の利点である。

学生代表として、もっとも嬉しかったことは、プロジェクト参加者からの「積極的に議論しあうことができた」との感想だった。また、「ガツガツ議論することで、手応えを感じた」、「意見をぶつけあって、楽しかった」、「ペアの人から学ぶことがあった」という意見もあった。「語り手—聞き手」という二者間のことだけではなく、聞き手のあいだで積極的に議論しあえる関係性が構築できたことによって、「聞き書き」の信憑性が高まっていったと自負している。

勉強会ではグループワークを意識的にとりいれた。それは専門や関心が異なる学生間における、共通の調査意識を醸成するためでもあったが、とにかく全員が発言し、議論できる環境を醸成していくことも意識してのことであった。その努力が、多少なりとも編集作業にあらわれたように感じられた。

以上の編集作業を経て完成した原稿を語り手に送付し、最終確認をおこなってもらった。今後の課題としては、本書完成後に音源とトランスクリプション（文字起こし原稿）の保管体制を明確にしたうえで、将来的に二次利用することの承諾を依頼しなおすことである。また、現時点では未定であるものの、デジタル媒体など紙媒体（出版）とは異なる形態で語りを公開する場合についても、別途、語り手の承諾を得る必要があるものと考えている。

五　現地報告会

二〇二三年三月九日（木）に太地町公民館において現地報告会を開催した。これまでの調査と作業に関し、現地で報告したうえで、完成した「聞き書き」についての意見を語り手と交換する場である。

太地町プロジェクト
報告会
日時 2023年3月9日（木） 19：00〜
場所 太地町公民館
プログラム
●開会のあいさつ
●調査の報告
●「聞き書き」ポスターセッション
●聞き手からのお礼のあいさつ

図6　報告会のポスター
出所：松浦海翔作成

報告会には本プロジェクトに参加した大学院生である筆者と湯浅俊介、金定潤、松浦海翔が参加した。

報告会ではまず、これまで実施した調査のふりかえりを学生代表である筆者が報告した。つづいて「聞き書き」をポスターとして展示し、語り手に読んでもらい、意見をいただいた。印刷したものを還元するのではな

図7　聞き手のあいさつ動画

出所：筆者撮影

くポスターセッションにしたのは、語り手の多くが高齢者であったからである。文字が判読しがたい場合も少なからず想定され、そうした事態に学生がすぐに対応ができ、読後の感想についての応答がしやすいと考えたためである。報告会には大学院生のみが参加したため、報告会に参加できなかった聞き手に撮影してもらった動画あいさつを会場で上映した［図7］。

報告会には語り手八名のうち、六名にご参加いただいた。ポスターセッションで感想をうかがったところ、ちがう経験をもつ多様な年齢の人びとの語りがあること、太地のことだけでなく自分の経験を知ってもらうことが嬉しいという反応をいただいた。また、語り手である濱田明也氏のケアマネージャーをされていた小畑美由紀氏から「濱田さんの語りを記録してくれて、それを見ることができて嬉しかった」との感想をいただいたのは、プロジェクト参加者全員にとって幸せなことだった。小貝佳弘氏も南氷洋でおなじ経験をした網野俊哉氏の原稿にとても興味を持つなど、語り手同士の話しあいに花がさいた。また、世古忠子氏と山下憲一氏は小学校、中学校の同級生であり、おなじ時代を生きてきたなかでの異なる経験と、太地町の文化をいかに継承していくか、についてその場で議論していた［図8、9］。「名前を聞けば誰かはわかるけど、その人のこれまでの生きざまを知ることは感慨深い時間だった」という感想には、本プロジェクトの意義を再確認させられた。

図8　ポスターセッション

出所：筆者撮影

図9　報告会で話しあう世古忠子氏と山下憲一氏

出所：筆者撮影

聞き手からの動画も反応がよく、動画で聞き手の顔を見ることができて嬉しかったとの感想をいただいた。

六　イリカスとクジラクッキー

二〇二二年一〇月九日、本調査のインタビューが終了した夜の打ちあげでのことだった。誘導訊問についての反省をおえたわたしたちは、異なる語り手と出会ったAワッチとBワッチとで、それぞれが聞いた語りの内容を交換しあうことになった。そのとき、イリカスとクジラクッキーが登場した。世古忠子氏（一九四二年生まれ）は、ご自身の幼少期の「おやつといえば、これ」とのことで、乾燥したイリカスを調査者全員に配ってくれた。イリカスはとても硬いが、しゃぶっていると段々と柔らかくなっていくために、長持ちして口寂しくもないために、下校したら毎日のように食べていたという。

しかし、なかなかの硬さに二時間強のインタビューが終了するまでに食べきれなかったものを宿にもちかえってきたのだが、その話を聞いたBワッチがクジラクッキーをもちだしたのである。クジラクッキーは重大屋由谷商店の新作で、由谷恭兵氏（一九八八年生まれ）が聞き手に紹介するためにもってきてくれたのだという。

図10　乾燥させたイリカスとクジラクッキー

出所：筆者撮影

おなじ日にAワッチはイリカスを、Bワッチはクジラクッキーの「おやつ」をいただいたことは、クジラではつながっているものの、太地で紡がれてきた歴史の多様性と連続性を意識するに十分であった［図10］。

おなじ日に出会ったとは想像もつかないふたつの「おやつ」を交換して食べあったときの昂揚は、いまも鮮明に記憶している。「おやつ」ひとつの「歴史」ですら、ここまで多様である太地町を、わたしたちは、たった一日で経験することができたわけである。ご自身の経験と生きざまを少しでもわかって欲しいという語り手の想いにくわえ、太地町を知るためになんでも経験しようという聞き手の姿勢があったから可能となったものである。

このように語り手からなにを学び、経験したかを共有しあうことは、今回の共同調査における楽しみでもあった。当たり前のことではあるが、おなじ太地町であっても、年齢、職種や家計によって異なる時間を生き、異なる経験をしてきたはずである。その語りを聞いた聞き手は、自身が担当した語り手を、いかに他班の参加者に説明しえたのか。こうして調査のふりかえりをまとめていて筆者は、編集の出発点ともなる「語り手」を「他者に紹介」する行為を、参加学生はつねにしていたことに、あらためて気づかされた。

語り手にはインタビューへの協力だけでなく、文字を起こしたトランスクリプション、編集した原稿など、約六か月にかけて何度も確認作業をお願いしてきた。かぎられた時間のなかで丁寧に原稿を読み、確認してくれた語り手の皆さんに心から感謝している。また、そうしたことが可能であったのは、その都度、語り手とわたしたちの仲介役をつとめてくれた櫻井敬人氏がいたからこそ、である。語り手のみなさんはいうまでもなく、櫻井氏をはじめインタビューに付き添ってくださった語り手のご家族やご友人、関係者のみなさんにもお礼を申しあげたい。ありがとうございました。

「聞き書き」は聞き手と語り手の共同作業であることはまちがいない。しかし、その意味する「共同」とは、聞き手と語り手という二者だけではない、よりたくさんの人びとに支えられてこその共同であることを痛感させられている。

聞き手のひとりが、報告会用の動画のなかで「わたしたちの作業が、少しでも太地町を知ってもらうことに役立てたらと思います」と語っていた。わたしたちが太地町で経験できたことは太地のほんの一部にすぎないが、ここからもっとたくさんの「聞き書き」がつづくことを期待している。

注

＊1　文化庁の令和4年度「食文化ストーリー」創出・発信モデル事業は、特色のある食文化の継承・振興に取り組むモデル地域等に対し、文化財としての登録等に資する調査研究、その文化的価値を伝える「食文化ストーリー」の構築・発信等を支援することにより、文化振興とともに地域活性化に資することを目的としている（文化庁（公開年不詳）『食文化ストーリー』創出・発信モデル事業」〈https://www.bunka.go.jp/seisaku/bunkazai/joseishien/syokubunka_story/93655701.html〉）。

＊2　質的調査における調査者と被調査者とのあいだの信頼関係を「ラポール」という。

＊3　二〇二二年八月に予定されていた本調査では聞き手一二名が参加予定だった。そのため、実際にはひとつのワッチに三班を配置していた。表3は一〇月の本調査で使用したものを代用している。

＊4　表5「インタビュー時間と文字起こしに要した時間」は、「聞き書き」の編集が全て終了した二〇二三年三月一二日に実施した調査参加者との懇談会において、筆者が聞きとりしたデータにもとづいて作成した。

太地にかかわる――あとがきにかえて

赤嶺 淳

ようやく太地に関する書籍を刊行することができた。この場をかりて、まずは太地町のみなさんにお礼をもうしあげたい。ありがとうございました。

わたしが捕鯨問題の研究に本格的に着手したのは、二〇一〇年のことである。あてがあるわけでもないのに、「まずは、太地」ということで、例年四月二九日に開催される鯨供養祭に参列させてもらったことは、拙稿で書いたとおりである。

以来、一一回も訪問し、ようやく発信できたことに、ひとまず安堵している。

捕鯨問題に通じている読者であれば、わたしが太地を訪問した二〇一〇年四

月というタイミングの微妙さがわかるはずだ。前年七月に米国で公開された映画『ザ・コーヴ』が、第八二回アカデミー賞（二〇一〇年三月）の最優秀ドキュメンタリー映画賞に選出された直後のことだったのである。

「反日的」との批判が配給会社に寄せられ、当初二〇一〇年六月に予定されていた日本での上映は一か月遅れての上映となってしまうほどの騒動を捲きおこす一方、九月一日を解禁日とする追い込み漁の開始前後には、追い込み漁に反対する人びとが国内外から大挙して太地におしかけてくるようになった。人口わずか三〇〇〇の静かな町であるにもかかわらず、小畑美由紀さんが「太地の町全体がピリピリしてるのを感じました」と回顧する状況へと一変してしまったのである。

そんな渦中に、「よそ者」であるわたしが行けば、余計な迷惑をかけるにきまっている。しかも、捕鯨問題を勉強しはじめたばかりのド素人である。どのような失態を演じるか、わかったものではない。

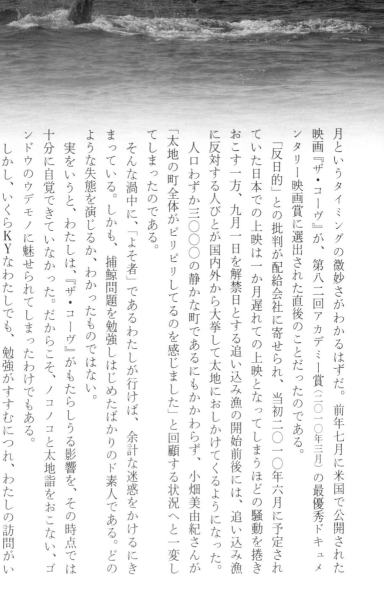

実をいうと、わたしは、『ザ・コーヴ』がもたらしうる影響を、その時点では十分に自覚できていなかった。だからこそ、ノコノコと太地詣をおこない、ゴンドウのウデモノに魅せられてしまったわけでもある。

しかし、いくらKYなわたしでも、勉強がすすむにつれ、わたしの訪問がい

かに無責任であったかを痛感させられることになった。だから、なかば太地を避けるように、わたしは網走市や鮎川（石巻市）、和田浦（南房総市）、下関市などの捕鯨の現場を歩き、捕鯨の「ほ」の字から学んでいった。そうして上梓できたのが、『鯨を生きる——鯨人の個人史・鯨食の同時代史』（吉川弘文館、二〇一七年）である。

正確な文言は記憶していないが、ネットで見つけた読者のコメントに「捕鯨をあつかっているのに、太地のことがでてこない」という趣旨のものがあった。とくにネガティブというわけではなく、全体としてはポジティブなコメントであった。それだけに、太地が登場しないことを残念に感じた風の発言でもあった。

このコメントが唯一の動機ではないものの、ひととおり捕鯨問題を勉強したこともあって、あらためて太地と向きあう覚悟ができたように思う。おりしも大学で交換留学生を対象に捕鯨問題を講じることとなった以上、先行研究をなぞるだけの「借りもの」ではなく、わたし自身が体感した太地を、わたし自身の声で発信していかねばならない。

捕鯨問題にかぎらず、フィールドワークを前提とする研究は、つねに他者からの視線にさらされるものである。本書におさめた拙稿で鯨肉に歓喜するイヌイットを賤《いや》しむ捕鯨船長を批判したのは、わたしのフィールドワーク経験に

もとづいている。調査地が異文化であろうと、自文化であろうと、調査者たるわたしが、調査対象者を「まなざす」のとおなじ意味で、調査地の人びともわたしを「まなざしかえす」わけである。訪問者が一方的にまなざす権利を有しているわけではない。

大学につとめる研究者だからといって、「ようこそ、いらっしゃいました」などとチヤホヤされているうちは、調査地の人びとに相手にされていない――適当にあしらわれている――と考えてよい。政治家による現地視察を想像してみてほしい。政治的意図を計算したうえでのパフォーマンスにすぎないのに、視察先では「先生、遠路はるばる……」などと感謝されて、いい気になってしまうことになる。

調査にも、似たことがいえる。頼んでもいないのに、勝手にやってきて「調査してやる」というのだ。訪問された方は、たまったものではないだろう。

正直なところ、太地にかぎらず、捕鯨問題の調査は、やりやすいものではない。質問を投げかけても、「はぁ」とか「いや」としかかえってこない。聞こえなかったふりをするのは、それでもまだよい方で、露骨に無視されることも少なくない。ただ、ただ、無言の、気まずい時間だけがすぎていく。そのような場には、「頼むから、ほっといてくれ」という気配がみなぎっている。

だからこそ、調査に焦りは禁物だ。「石の上にも三年」ではないが、関係性ができあがるまで、ひたすら待つしかない。こっちはお願いする方で、お願いされるのは先方なのだ。すべては、相手次第である。

かといって卑屈になる必要はない。たがいの役割のちがいを認識したうえで、対等な関係性を構築することが肝要なのである。そのためには、まずは相手に自分の存在を認めてもらわねばならない。時間がかかるのは、あたりまえである。

いつか機会はやってくる。おなじ「待つ」にしても、受動的にではなく、能動的に待つことだ。

太地の人びととの信頼関係の芽がふきつつあることを自覚できたのは、二〇二〇年一月のことであった。追い込み漁への同行が許可されたのだ。水産庁から紹介してもらったとはいえ、わたしからの「乗船願い」のあつかいについて、太地いさな組合内で議論が百出したことはいうまでもない。

船酔いはまだしも、遅刻だけは厳禁である。港に面した民宿に陣取り、当日は五時前から港の様子をうかがっていた。一番乗りの漁師さんが、ドラム缶に火を炊くのを確認し、二、三名に増えたところで、ビクビクしながら、「おはようございます」と焚火の輪にくわわった。

わたしにとっては特別な機会でも、漁師さんにとっては日常である。しばらく、火にあたっていたかと思うと、だれからともなく出航準備にかかりはじめた。各自の車から弁当を取りだし、淡々と、それぞれの船に向かう。わたしも柚木栄造組合長にうながされ、栄良丸に乗りこんだ。

港をでて一〇分もたたないうちに捕獲可能な鯨類を発見することができた。しかし、もっと大きな群れはないか、より望ましい鯨種が発見できるのではないか、などを勘案し、もう少し探索をつづけることになった。

太地の海はゆたかであった。ここ、かしこに大小さまざまな群れが存在しており、まさに「黒潮と陸のあいだの池」で鯨類がたわむれているかのごとくであった。

しばらく探鯨をつづけてからのこと、無線をとおした協議の結果、スジイルカの群れに照準をさだめ、映像で馴染みある「カン、カン、カン」がはじまった。当日は一三隻での操業であったが、たがいの連携も巧みに、順調に群れを湾のところまで追い込んでいった。

ところが、前日にふった雨のために湾の入口付近の海水がにごり、水温も低かったらしく、スジイルカは湾内にはいるのをためらっていた。潜ったかと思えば、海面にでてきて、また潜るという垂直な上下運動を繰りかえすのみ。そうこうするうちに、結局、逃げられてしまった。

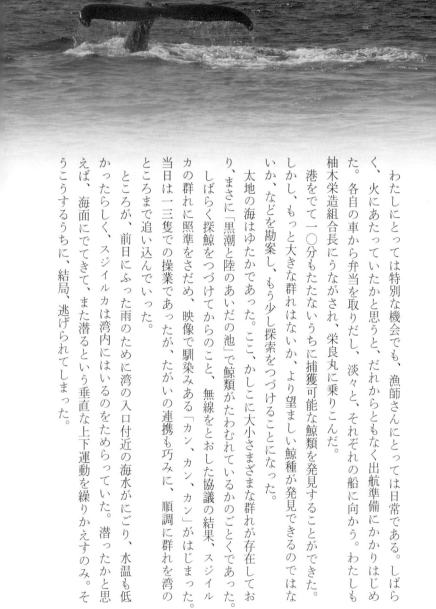

「先生が乗ってっから、イルカに知恵がついたんや」とのひとことが無線から流れると、一斉の大爆笑がおこり、「ホンマや。先生がアカンのや」、「先生のせいや」の連呼となった。

捕鯨者にかぎらず、漁業者は縁起をかつぐものだ。だから、余計な人間を船に乗せたことを不漁の原因と考えてもおかしくない。わたしが恐れていたことは、「悪いけど、明日は、勘弁してくれ」という通達だった。

しかし、それは杞憂だった。港につくと、「パチンコでも行こか」、「先生は、パチンコ、せぇへんの?」

自然が相手である以上、あたりまえだが、捕れない日もあるものなのだ。二〇一五年七月、追い込み漁師さんに「漁業っちゅうもんは、毎日、捕れるもんやない。一か月に一回でも、大漁ゆうか、まぁ、捕れれば、それでいいんや」と聞いたことを思いだした。台風がくる直前のことで、みなが休漁するなか、その漁師さんだけが出漁し、棒受け網で大漁したときのことであった。

その本人を前にして「明日もよろしくお願いします」と頭をさげると、「明日こそは、捕ったらんとな」。

それぞれの漁師さんの気持ちはわからない。偶然、それまでに関係のあった若干の漁師さんの愛想だけのことかもしれない。しかし、こうして少しずつ、関

係性はできていくものだと思う。

コロナ騒動に翻弄された三年を挟んでしまったし、この間、わたしに鯨食の手ほどきをしてくれた北洋司さんを亡くしてしまったが、こうして太地に関する見聞を発信できることで、多少なりとも責任を果たせたものと考えている。「聞き書き」という本書の存在意義を粉砕しかねないが、「百聞は一見に如かず」とは、よくいったものだ。太地の追い込み漁しかり、南氷洋での捕鯨しかり。わたし自身、前著のためのインタビューで捕鯨関係者を訪ねあるいていたとき、船上生活の酸いも甘いも、すべては「乗ってみねぇど、わがんねぇ」と何度も諭されたものである。

南極海ではなく、三陸沖二〇〇マイル内での二か月間だけの経験とはいえ、日新丸と第三勇新丸に乗せてもらった経験のおかげで、わたしは網野俊哉さん、濱田明也さん、小貝佳弘さんの語りに感情移入することができた。

もちろん、本書を手にとってくれた読者の九九・九九パーセントは、海の仕事と関係ないはずだ。だからこそ、具体的なイメージを喚起してもらえるように、紙幅のゆるす範囲で写真を多用することにした。語り手が提供してくれたものもあるし、これまでにわたしが撮影してきたものもある。南極海とマッコウクジラに関するものは、キャプションにも記したように共同船舶株式会社の

津田憲二通信長と羽田野慶斗製造手、(一財)日本鯨類研究所に提供いただいた。

一般論として、いわゆる捕鯨問題は、ほとんどの日本人にとって、どうでもよい、無関心な事柄に属しているようである。世論調査で訊かれたとしても、ほとんどの人が「わからない」を選択するはずである。これは、わたしの教育経験にもとづく、確信にちかい推量である。

捕鯨問題は、「捕る／捕らない」、「食べる／食べない」という単純な二項対立ではなく、いまや科学や政治、倫理など、さまざまな問題が複雑に絡まりあった問題群を形成するにいたっている。したがって、論者の視点によって、結論は異なってくる。逆説めいているかもしれないが、だからこそ、多様なアプローチがもとめられているわけである。

なにより重要なことは、複雑な捕鯨問題の実態を知り、複数の視点から捕鯨問題群についてオープンに語りあうことである。そのことにより、たがいの差異があきらかとなるからだ。おたがいが異なる立場にあることを認めあわなければ、歩みよりなどできるわけがない。フィールドワークが、相手に認めてもらうことからはじまるのと、おなじことである。当事者の個人史に焦点をあてた本書も、そうした問題群を俯瞰するための一助となることを期待したものだ。

これまで幾度となく強調してきたように、「聞き書き」は、語り手によるモノ

ローグ（ひとり語り）のスタイルをとっている。しかし、実際は聞き手とのダイアローグ（対話）を編集したものである。本書に収録された語りの編集は、一部をのぞき、二名以上のチームでおこなっている。

何故か？　映画鑑賞を想起してもらいたい。だれかと映画を観たとする。しかし、それぞれが感動した場面なり、ストーリー展開についての解釈が異なることは、めずらしいことでない。コーヒーでも飲みながら、たがいの感想を述べあっているうちに、「あぁ、なるほど」と合点がいった経験もあるだろう。

聞き書きも同様である。ともに語りを聞いたといっても、その解釈は一様でありえない。だからこそ、チームで語りを分析し、自分たちの解釈を検討しあい、トランスクリプション（文字起こし原稿）にもどり、さらには音源にもどって確認し、といった往還作業を通じて、自分たちの語り手像を構築していくわけである。そこに統括役であるわたしの視線も投影されることになる。

したがって、読者が目にした語りは、語り手の語りそのものではない。「まえがき」において聞き書きを「一期一会の記録文学」と換言したのは、そのためである。かといって、ここに提示した語りは、聞き手が勝手に創造したものではない。語り手に最終確認してもらい、お墨付きをえたものである。

つまり、本書における語りは、語り手と聞き手、編者たるわたしの三者によ

る共同作品ということだ。写真や図も、漢字とかなの文字バランスも同様である。わたし（たち聞き手）が解釈できた範囲で、わたしたちの思いが最大限に伝わるように編集したものである。

わたしたちのフィルターが多分にかかっているとはいえ、太地を愛し、誇りに思う八名の語りに耳をかたむけてほしい。いままで語られてこなかった太地を発見できるはずである。

＊＊＊

今回のプロジェクトが可能となったのは、太地町教育委員会の櫻井敬人さんと太地町に住みながら追い込み漁の研究をつづけるジェイ・アラバスターさんが、日々の暮らしを通じて構築してきた信頼関係に負っている。とくに櫻井さんには、語り手の選定から、協力依頼、語りの最終確認まで、一連の過程を通じて献身的にサポートいただいた。あらためて感謝もうしあげたい。

本プロジェクトは、文化庁の二〇二二年度「食文化ストーリー」創出・発信モデル事業に採択された「太地町を中心とする熊野灘周辺地域の鯨食文化の調査・発信事業」の一環として、太地町教育委員会と一橋大学が共同実施したも

のである。[1]「聞き書き」の聞き手と編集を担当してくれたのは、経済学研究科の湯浅俊介をのぞいた全員が、社会学部／大学院社会学研究科でわたしが指導する学生である。辛承理による「ふりかえり」にあるように、インタビューを文字起こしする作業には、膨大な労力と気力を必要とする。そうした作業を厭わず、編集過程での細かな注文にも真摯に対応してくれた参加者にも感謝している。

通常、（文系学問の）フィールドワークは、自身の研究課題にそって、ひとりでおこなうものである。しかし、教育プロジェクトでもあった今回は、さまざまな研究関心をもち、調査の経験も技量もバラバラな学生がつどい、合宿形式でおこなった点に特徴がある。しかも、日本を代表する捕鯨地で捕鯨の当事者から生きざまを学ぶという場であった。

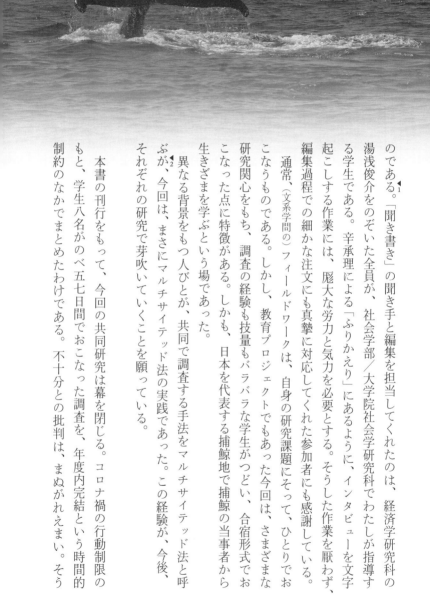

異なる背景をもつ人びとが、共同で調査する手法をマルチサイテッド法と呼ぶが、[2]今回は、まさにマルチサイテッド法の実践であった。この経験が、今後、それぞれの研究で芽吹いていくことを願っている。

本書の刊行をもって、今回の共同研究は幕を閉じる。コロナ禍の行動制限のもと、学生八名がのべ五七日間でおこなった調査を、年度内完結という時間的制約のなかでまとめたわけである。不十分との批判は、まぬがれえまい。そう

した指摘へ応答していくことは、研究代表者であり、今後も太地とかかわりつづけるわたしの責務だと心得ている。

注

▼1 本研究は、わたしが研究代表をつとめる日本学術振興会科学研究費補助金「重層化する不確実性へのレジリエンス——水産物サプライチェーン研究の課題と実践」(19H00555)にも一部を負っています。

▼2 T.K. Choy, L. Faier, M.J. Hathaway, M. Inoue, S. Satsuka, and A. Tsing, 2009, A new form of collaboration in cultural anthropology: Matsutake worlds, *American Ethnologist* 36(2): 380-403; G.E. Marcus, 1995, Ethnography in/of the World System: The emergence of multi-sited ethnography, *Annual Review of Anthropology* 24: 95-117.

編著者・執筆者略歴

◉赤嶺 淳（あかみね・じゅん）

1967年大分県うまれ。一橋大学大学院社会学研究科教授。専門は食生活誌学、食生活史研究。人間による環境利用の歴史をあきらかにするため、水産物の生産から加工、消費までのサプライチェーンの発展過程に着目し、「食からみた社会」、「社会のなかの食」の変容過程をあとづけてきた。目下の関心は、マーガリンの主原料として20世紀初頭に創発した鯨油や大豆油、パーム油などの「油脂間競争」120年の絡まりあいの解明。おもな著作に『ナマコを歩く』（新泉社、2010年）、『鯨を生きる』（吉川弘文館、2017年）、「ノルウェーにおける沿岸小型捕鯨の歴史と変容」（『北海道立北方民族博物館紀要』29号、2020年）、「日本近代捕鯨史・序説」（『国立民族学博物館研究報告』47巻3号、2023年）など。

◉アラバスター、ジェイ（Alabaster, Jay）

米国アリゾナ州出身、日本滞在歴20年のジャーナリスト、早稲田大学非常勤講師。12歳の夏、家族旅行で初来日して以来、日本に傾倒。プリンストン大学工学部卒業後、報道の道に進む。AP通信やウォール・ストリート・ジャーナルなどの日本支局記者として太地町と出会う。2014年に太地町へ移住。現在は同町に住みながら、アリゾナ州立大学大学院博士課程で地域文化と国際メディアの関係を研究中。おもな著作に『「動物の権利」運動の正体』（共著、PHP新書、2022年）、「和歌山県太地町における反イルカ漁運動はなぜ根付かなかったか」（『日本オーラル・ヒストリー研究』17号、2021年）、「映画『フリッパー』にみる動物観の変遷」（『エコクリティシズム・レビュー』13号、2020年）などがある。

◉**大宮 千和**（おおみや・ちわ）
2002年石川県うまれ。一橋大学社会学部。専門は環境社会学、環境倫理学。自然と社会のつながりを、食・生き物という観点で明らかにすべく、食べ物のサプライチェーンを辿り、食べ物と生きものの境目を探究している。現在は水族館における食育の倫理学について研究している。

◉**金 定潤**（きむ・じょんゆん）
1992年韓国ソウルうまれ。一橋大学大学院社会学研究科博士後期課程。食事に関する人間の考え方と行動に興味を持ち、社会における「食」のあり方の変化に着目している。現在の研究テーマは、「孤食」を中心とした、外食文化に関する日韓の比較。

◉**木村 瑞希**（きむら・みずき）
一橋大学社会学部を2022年度に主席卒業。以前から食、なかでも水産業に関心があり、学部後期で赤嶺ゼミナールに所属。卒業研究では、北海道のニシン漁業に注目し、歴史的な産業構造変容と資源枯渇との関係性や、漁獲量の回復を果たした近年の資源管理の取組み、日本各地のニシン食文化、今後の消費需要への展望などをまとめた。

◉**辛 承理**（しん・すんり）
1997年韓国ソウルうまれ。青山学院大学総合文化政策学部卒業。現在、一橋大学大学院社会学研究科地球社会研究専攻博士後期課程。修士論文は、日本社会における有機農業の変容過程について分析した「個人史でみた有機農業の変化——運動から生活の視座へ」（2022年）。現在、人びとの生活（個人史）に着目して食・フードシステムの変容過程を分析している。本プロジェクトの学生代表をつとめた。

◉**鈴木 佳苗**（すずき・かなえ）
1998年東京都うまれ。上智大学総合グローバル学部在学中に、フィリピン・デ・ラ・サール大学へ留学し、フィリピン社会に関心を持つ。学部卒業後、ソフトウェア企業で自治体営業を担当しながら、在職中に一橋大学大学院社会学研究科修士課程に進学。現在の研究テーマはフィリピン・マニラにおけるムスリムコミュニティの文化史。

◉**砂塚 翔太**（すなづか・しょうた）
1993年新潟県うまれ。一橋大学社会学部2017年度卒業。赤嶺ゼミ第一期生。大学卒業後は、フィリピンの貧困問題に取りくむNPO法人PALETTEに就職。現在は、フィリピンにて、オンライン英会話とコールセンターなどのBPO産業の人材育成及び雇用機会提供をおこなうQEST ENGLISH COWORKING SPACEを経営。

◉**松浦 海翔**（まつうら・かいと）
1999年茨城県うまれ。立命館アジア太平洋大学を卒業。現在、一橋大学大学院社会学研究科地球社会研究専攻修士課程。秋田県北秋田市に居住する阿仁マタギについて、文化人類学／地域研究的な調査研究をおこなっている。

◉**湯浅 俊介**（ゆあさ・しゅんすけ）
1991年千葉県うまれ。一橋大学大学院経済学研究科博士後期課程。東京海洋大学で学部学生時代を過ごしたことをきっかけに、捕鯨、とくに南氷洋捕鯨に興味を持つ。現在は、戦後における南氷洋捕鯨事業について、企業の一事業であったという観点から研究を進めている。修士論文は「高度経済成長期における南氷洋捕鯨事業の史的展開――大洋漁業株式会社を事例に」。

◉船名・船団名索引

◉漁名・漁法名索引

◉書籍資料、テレビ番組、演劇、映画索引

◉人名索引

◉組織名・団体名索引

◉クジラ種名索引

◉海外地名索引

◉海・海域・海流名索引

◉クジラ分類名索引

●国内地名索引

索 引

事項索引／国内地名索引／海外地名索引／海・海域・海流名索引／
クジラ分類名索引／クジラ種名索引／人名索引／組織名・団体名索引／
船名・船団名索引／漁名・漁法名索引／書籍資料、テレビ番組、演劇、映画索引

◉事項索引

あ／ア

か／カ

ご協力いただいた方がた・団体（五十音順）
櫻井敬人（太地町教育委員会）
佐野直子（愛知県立大学）
ジェイ・アラバスター
太地町立くじらの博物館
太地町漁業協同組合
（一財）日本鯨類研究所
浜本篤史（早稲田大学）
松井　進
向井ゆみ子
山下たゑ子
横川倫子（株式会社 漁村計画）
吉積二三男（ケンショク「食」資料室）
漁野裕美子

写真クレジット
1、28-29、48-49、64-65、88-89、106-107、130-131、154-155、174-175頁……辛承理
13-25頁……©Poly Summer/photoAC
26-27頁……©kohta65-Adobe stock
86-87頁……©iStockphoto.com/Laura Sweet
128-129頁……©kazu_m49/photoAC
200-201頁……©ふらっとスタジオ/photolibrary
300-301頁……©tenjou-Adobe stock
327-339頁……©iStockphoto.com/stephenallen75
※上記以外は写真キャプションに記載

クジラのまち 太地を語る
——移民、ゴンドウ、南氷洋

発行日 ——— 2023年8月26日

編著者 ——— **赤嶺 淳**

発行者 ——— 松下貴弘
発行所 ——— 英明企画編集株式会社
〒604-8051 京都市中京区御幸町通船屋町367-208
https://www.eimei-information-design.com/

印刷・製本所 — モリトモ印刷株式会社

ブックデザイン — SEIMO-office

Published by Eimei Information Design, Inc.
Printed in Japan　ISBN 978-4-909151-81-0

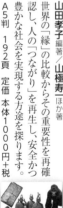

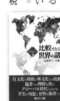

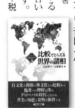

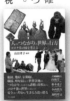

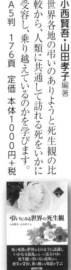